国家自然科学基金：砖木结构古建筑群火灾风险预测的时空信息模型化方法研究（51608049）

教育部人文社科基金：砖木结构古建筑群火灾风险综合评估（15YJCZH214）

长安大学中央高校专项资金资助的高新技术研究培育项目：多场耦合机制下砖木古建筑（群）火灾蔓延机理研究（300102280205）

砖木结构古建筑群火灾风险评估与管理

袁春燕　著

中国建材工业出版社

图书在版编目（CIP）数据

砖木结构古建筑群火灾风险评估与管理/袁春燕著
. --北京：中国建材工业出版社，2021.6
ISBN 978-7-5160-2637-3

Ⅰ.①砖… Ⅱ.①袁… Ⅲ.①砖结构－古建筑－建筑
火灾－风险管理 ②木结构－古建筑－建筑火灾－风险管理
Ⅳ.①TU998.1

中国版本图书馆 CIP 数据核字（2020）第 262141 号

砖木结构古建筑群火灾风险评估与管理
Zhuanmu Jiegou Gujianzhuqun Huozai Fengxian Pinggu yu Guanli
袁春燕　著

出版发行：中国建材工业出版社
地　　址：北京市海淀区三里河路 1 号
邮　　编：100044
经　　销：全国各地新华书店
印　　刷：北京鑫正大印刷有限公司
开　　本：787mm×1092mm　1/16
印　　张：11.5
字　　数：270 千字
版　　次：2021 年 6 月第 1 版
印　　次：2021 年 6 月第 1 次
定　　价：58.00 元

现存古建筑是我国历史文化的重要载体，其为研究古代建筑技术提供了良好的素材，是全人类保存至今"不可多得，失而不复"的共同优秀文化遗产。然而由于现存砖木结构古建筑殿高堂阔、连片成群，其主要承力构件为木材，木材经过千百年的风干，可燃性极高，火灾致灾因子集中，且建筑群落区域内未经过防火规划与设计，没有合理的防火分区，若单体建筑发生火灾，极易蔓延，现代城市火灾防御体系难以覆盖古建筑群。此外，为遵循"修旧如旧"原则，对古建筑防火改造修缮仍要保持其原有的建筑历史风貌，不宜采用现代防火材料对构件进行处理，也不宜按照现代防火设计理念进行局部防火改造处理。因此，砖木结构古建筑群遭受火灾的风险显著高于其他结构，火灾成为砖木结构古建筑群安全的主要威胁。

"减灾始于评估"。本书是关于砖木结构古建筑火灾风险评估及性能化防火评估的相关研究，主要内容包括以下几部分：第 1 章，砖木结构古建筑火灾危险性分析；第 2 章，古建筑木结构骨架抗火性能分析；第 3 章，砖木结构古建筑火灾风险评估方法；第 4 章，基于情境的古建筑火灾危险性分析；第 5 章，砖木结构古建筑性能化防火分析；第 6 章，信息技术在古建筑火灾风险管理中的应用。

本书由长安大学建筑工程学院袁春燕确定整体结构，并参与主要章节的编写，长安大学工程安全与风险管理团队王坤、王鹏飞、李园园、郑高凯、郎雨佳、刘兴、宋尚月等参与编写完成。

本书在国家自然科学基金"砖木结构古建筑群火灾风险预测的时空信息模型化方法研究（51608049）"、教育部人文社科基金"砖木结构古建筑群火灾风险综合评估（15YJCZH214）"、长安大学中央高校专项资金资助的高新技术研究培育项目"多场耦合机制下砖木古建筑（群）火灾蔓延机理研究（300102280205）"等支持下完成，并参考许多国内外同行发表的研究成果，在此深表谢意。

由于编者能力有限，不足之处恳请指正。

作　者
2021 年 5 月

目 录

1 砖木结构古建筑火灾危险性分析

1.1 概述

中国古建筑（群）既承载着悠久的历史文明，又是对传统文化的继承与延续。它们不仅为研究建造技术和历史文化提供良好的素材，也是东方历史文化的重要载体之一，属于全人类"不可多得、失而不复"的优秀文化遗产。作为古建筑（群）和传统民居聚落的重要构成单元，砖木结构古建筑在我国数量巨大，大多数属于较高等级的重点保护建筑，如陕西省韩城市党家村传统民居群（图 1-1），对这类建筑进行有效的防火保护研究具有重要意义。

图 1-1　陕西省韩城市党家村全貌

我国现存古建筑（群）如今都处于被开发利用的阶段，一些具有历史价值的古建筑群在使用功能上发生了转变，一些有历史意义的古建筑均属于国家文物的重点保护对象，目前开发成为旅游活动、宗教祭祀、民俗展览的集中地。这类古建筑群因历史劣化原因，结构体系特殊，它们既是消防保护的重点对象，也是消防保护最为薄弱的区域。尤其是近些年，古建筑火灾频发，且多以建筑群、古镇（寨）、古街道类的群发火灾形式出现，造成了巨大的经济损失和人员伤亡，遗存的古建筑也因各种原因被烧毁，令人扼腕。

1.1.1 古民居建筑

古民居是历史上最早出现的建筑类型，也是最基本、最大量建造的建筑类型。中国是一个地域广阔的多民族国家，人们生活在千差万别的自然环境与历史文化环境之中。

于是，为了适应千差万别的自然条件、社会状况、民俗文化及历史传统，祖先们根据不同时代的地域气候条件和生活方式创造了丰富多彩、形式各异的民居建筑，并一代又一代地结合社会稳定性和生产实用性，在漫长的岁月中演绎出不同建筑风格和结构特征的住宅。

中国民间居住的房屋（简称民居）实际上就是村民们居住的房子。民居建筑主要包括木构架庭院式、四水归堂式、大土楼、窑洞式、干栏式建筑等。若将中国民居进行详细分类，还可根据不同的方式分为六种：第一种是根据样式分类；第二种是根据材料分类，有草顶房、泥土顶房、灰土顶房、砖顶房、瓦顶房、竹子顶房等；第三种是根据构造方法分类，有木结构房、砖构造房、土造房、砖木混合式房、砖石混合式房等；第四种是根据类型分类，有吊脚式、井干式、干栏式、穿隆式、环形土楼式、窑洞式、天幕式、绑扎式、土坯砌筑式、穴居式，另外有合院式（三合院式、四合院式）、连排组合式等；第五种是根据民族分类，有满族民居、回族民居、维吾尔族民居、白族民居、黎族民居、侗族民居、基诺族民居、蒙古族民居、藏族民居等；第六种是根据地域情况分类，有江南民居、海南民居、广东民居、湖南民居、甘南民居、上海民居、吉林民居、北大荒民居、西部碱土平房等。

我国民居建筑同时也是传统建筑中的一种类型。在传统建筑中，一般的乡土民居远不如庙宇和宗祠规模宏大、装饰华丽、工艺精湛，但是民居的分布最为广泛。它们遍布各地，凡有人烟处便有它们，数量最多，形式最为丰富。正是因为民居建筑分布于全国各地，同时由于各民族的历史传统、生活习惯、审美爱好，以及各地的自然条件、地理环境的不同，我国各地民居在平面布局、结构方式、造型装饰、建筑艺术和建造风格等方面存在着较大的差异，对民居的研究也远比宗祠或庙宇复杂得多。古民居建筑还有一个突出的特点就是其独特的建筑艺术，中国古民居建筑艺术除重视中国传统的审美习惯外，还体现尊卑之礼、长幼有序、男女有别、内外有分等旧社会宗法伦理之规。把中国民居的建筑艺术发挥到极致的则是雕刻和绘画技术，在古典民居中，大到整体建筑构件、小到细微的棱角，各种造型精巧、匠心独具的雕梁画栋，完全显示了我国古代劳动人民高超的建筑艺术水平，也充分体现出我国古民居建筑淳朴自然的民族和地方特色，具有极高的观赏价值和游览价值。

1. 古民居的建筑特征

与宫殿、寺庙等官式建筑相比，民居建筑受当时的程式化做法束缚较少，不同地域环境的人们可以根据其自然条件、经济水平、材料来源、民俗风情和传统习惯按照自己的需求建造，因此，民居能充分反映出建筑功能的实用性、布局的灵活性、设计的多变性、构造的合理性、材料的经济性及外观造型的民族审美性。因而，民居也最能反映民族的文化特征和本地的地方特色。

古民居建筑的平面组合和建筑布局方式主要源于社会制度、家庭组织、风俗习惯、历史、群体心理、经济水平和生产生活方式，其中也有自然条件和民族传统思想的影响，如汉族民居，无论是多进院落式集居的大型宅第，还是三合院、四合院的小型住宅，建筑物基本都是按照前堂后寝、中轴对称、主次分明、院落相套的模式进行布局的，这种规整严谨、外部高墙围闭、内部层层院落的布局和组合方式，完全遵照封建礼制的一套要求，尽管如此，也因经济条件和社会地位的不同，合院式民居也有许多或显著或细微的不同和变化。

若从社会文化的角度来看，民居对生活在不同地域环境和社会历史中的居民意义截然不同，如皖南民居和闽东民居中的土楼、围屋之类的大型集团性住宅，前者是徽商保护财富的堡垒和囚禁妇女的"监狱"，后者则是参加生产劳动的有独立人格的妇女之家。

中国古建筑装饰是一门璀璨的装饰艺术，是中国传统建筑文化艺术和技术相结合的产物，有着悠久的历史和丰富的文化内涵。古民居在建筑结构和外观造型的处理上主要源于当地的地质环境、材料来源、结构和构造方式、民族传统、生活习俗和审美观念，如江南民居的马头墙、广州民居的镬耳墙、西藏藏族民居的碉房、云南西双版纳的傣族竹楼等，都是就地取材，按照传统民俗建造的古民居的建筑装饰装修和细部构造，内容非常广泛，形式也极为多样，特别表现在材料的质地、色彩、花纹、样式、图案等的选择和运用方面，充分展现了各民族的习俗、爱好、愿望、民族信仰和对色彩的审美观念及对美好生活的追求。

2. 古民居的火灾隐患

古村落历史悠久，经历不同时代的变迁，那些保存完整的古村落仍然可以折射出悠久的文化气息。由于缺乏科学的、整体的规划，加之不同年代的不断修复、建设，现有的古村落均具有建筑布局密集、消防通道狭窄的特点。民居之间毗邻相建，几乎没有间距，一旦发生火灾，极易由于热辐射、对流及飞火等原因从起火建筑蔓延至与其相邻的其他建筑，从而造成火烧连营之势。一般的古村落除主干道较宽，可以通行机动车外，其余的小街、小巷都比较崎岖、狭窄，仅供人员通行，一旦发生火灾并呈蔓延之势，消防人员、装备很难进入并展开灭火，这也是近年来几场古村落大型火灾烧毁众多民居的主要原因之一。

古村落内建筑多为土木结构，建筑内的装饰材料多为木材，耐火等级低，发生火灾极易造成建筑物主体结构的坍塌。大多古建筑均具有上百年的历史，经过长期的干燥，木材含水量极低，极易燃烧，而且建筑内木材使用量较多，火灾荷载大，火灾扑救难度大。

由于当地政府财政资金紧张等原因，古村落的农村电网改造工作都比较滞后，供电线路的荷载能力较低，用电高峰期存在频繁跳闸的现象，导致部分村民私自更改线路、乱拉线路、替换大功率保险丝，违规用电现象严重。为了保护古村落的文物，人们对建筑内部进行了电气线路的改造，对户内的供电线路重新进行敷设，并采取穿管保护的方式对线路进行必要的防护，但由于种种原因，大多线路的防护并不彻底，在接头及用电设备连接环节存在保护不到位的情况，仍存在一定的安全隐患。大多民居建筑由于无资金补助，村民"等靠要"、维持现状等固有思想严重，户内线路多年未进行更换，很多供电线路仍采用铝线，线路老化严重，而且供电线路均为裸线，未采取任何防护措施，存在极大的安全隐患。

以具有代表性的古民居村落之一的珠海市东南部的吉大村为例。据记载，该村落始建于明初，距今有 600 多年的历史，建筑密度高达 70%，有些房屋间距不到 2m，宅基地、集体用地管理建设混乱，违法占地和违章建筑屡禁不止，现有道路等级低，一些道路宽度不到 0.5m，村内主干道、内街小巷狭窄弯曲，在一些地方，电动车通行都很困难，消防车根本无法进入。该村落的房子多选用木材，且大多主梁材料为黄松、红松等油性树种材，容易被点燃，火灾隐患极大。这些情况在客观上为火灾的发生、发展和蔓延提供了条件。如1981年9月20日发生在江苏省扬州市的"卢宅"火灾，是古民居建筑火灾最为典型的案例。"卢宅"是清代大盐商卢绍绪所建，这座住宅规模宏大、屋宇高敞、装饰精致、选材讲究，是晚清盐商所建豪华住宅的代表，在全国也属罕见。中华人民共和国成立后，扬州市商业部门在"卢宅"内办了五一食品厂，出事前一天，工厂内炒了一大批面粉，由于工人未等热面粉冷却就直接将其倒入竹簸内，面粉热量的积聚引起了面粉的自燃，自燃的面粉进而又引燃了竹簸，从而引起了火灾的蔓延，整个"卢宅"被烧，损失惨重。

1.1.2 宫殿建筑

宫殿是皇帝权威和统治的政治象征，因此统治思想和典章制度对宫殿的设计和布局都有着深刻的影响。西汉武帝大兴土木，兴建建章宫等三座宫殿。其中来自道家做法的明堂在平面上接近"亞"字的十字形，四平八稳，与古罗马的万神庙圆形部分的平面布局有很大的相似之处。这种"十"字形布局给观者留下的印象是高大气派。

中国宫殿建筑由台基、屋顶、柱框与墙身组成。台基的高度受严格的等级制度制约："天子之堂九尺，诸侯七尺，大夫五尺，士三尺。"所用材料取决于建筑的等级，石为上、砖为下。台基是一座房屋的基础，需要坚实稳固，有的地方用上了挡土墙支柱，在立面上所展现的都是平直的线条，四平八稳，无一点浮躁轻飘之感。前三殿的三台，各层自下而上地逐层缩进，这样既无呆板之感，也实现了稳中求变、讲究气势的艺术效果。宫殿建筑多以歇山顶为主，特别是有的歇山是十字脊顶。十字脊顶歇山是中国古代建筑的一种屋顶形式，是由两个屋顶垂直相交而成的。在一座院落中，正殿、后殿的屋顶都不一样，有主从之分，气势雄壮。材料以琉璃瓦为主，单一色彩的巧妙运用，体现了尊贵富丽的皇家气派。柱框部分要支撑沉重的屋顶，屋顶的重力通过竖立的柱子传送到平稳的台基上，这就是所谓的"立木顶千斤"的气势。平稳的基座、直立的柱框和曲线的屋顶，构成了中国古代宫殿建筑的恢宏之美。

1. 宫殿建筑的建筑特征

宫殿建筑与民居建筑的最大区别是，前者受封建权势和统治势力的影响比较重，皇权至上的阶级思想在宫殿建筑上表现得淋漓尽致。

首先，在建筑布局方面，宫殿建筑都建在都城的核心地区，以体现"天子中而处""故王者必居天下之中"的思想。宫殿位于一国之核心，既代表皇权为国家的中枢，也象征全民心向君王，四方为皇城拱卫之意。因此，体现帝王至尊的思想贯穿于宫殿建筑的设计之中。为了显示威严的皇权，主要建筑呈前后序列严格对称地布置在一条中轴线上，中轴线上主要布置前三殿和后两宫，再在宫前和宫内中轴线两侧布置庭院，它们有大有小、有主有次、有深有浅、有宽有窄、有封闭压抑有舒展开阔，在空间序列的变化中表现了建筑艺术的节奏，如明清时期的宫殿建筑通常在三大殿之南，远在宫外布置宫殿大门。中国古代建筑中的中轴线对称布局的手法包含主次尊卑和阴阳观念，这种观念对统一建筑艺术面貌也起着重要的作用。因此，通过宫殿建筑的总体规划和建筑形制以体现封建宗法礼制和帝王权威的威慑作用，要比实际使用功能更为重要。

其次，宫殿建筑以其规模的宏大和金碧辉煌的装饰显示皇帝统驭万民、富有四海的气势，主要通过大体量、开阔、平坦、规整对称的布置格局来突出皇权的尊严和君王的神圣。在我国目前仅存明清两代在北京建筑的紫禁城（故宫）和清初建筑的沈阳故宫，其中又以北京故宫最具代表性。故宫位于北京市中心，是明、清两代的皇宫，原称"紫禁城"，始建于明永乐四年（1406 年）。故宫建筑布局规整对称，平面布局呈长方形，重要建筑均坐落在中轴线上。故宫是中国现存规模最大和保存最完整的古建筑群，凝聚了历代皇家宫殿建筑的精华，并采用历代最为先进的宫殿建筑技术。

2. 宫殿建筑的火灾隐患

宫殿建筑火灾除了有自然（雷击火灾）因素外，大部分是人为因素。因雷击引起的火灾，如 1987 年 8 月 24 日，发生在北京市故宫景阳宫的火灾，就是因为雷直接击打在屋脊上，琉璃瓦被击碎，殿前宫匾后面的金属拉杆引燃了木质宫匾、檐椽和斗拱。由于消防扑救及时，才没有殃及周围的古建筑群。

由于人为因素使宫殿建筑遭受破坏甚至毁坏的火灾案例更多，如 1950 年 12 月 1 日，发生在北京西安门的火灾，在大火燃烧了 4 小时后，巨大的木柱、木梁被烧成焦炭，整体建筑轰然倒塌。这次火灾的原因是西安门旁搭建的席棚起火，由于燃烧迅速，风大天寒，不能进行有效及时的施救，致使这座古建筑被毁。

再如 1981 年 4 月 10 日发生在北京景山寿皇殿的火灾，直接原因是少年宫儿童游艺室的管理人员下班时忘记关闭充电器电源，以致电池长时间发热，绝缘层损坏造成短路，使调压器失火引燃工作台和木板墙，进一步扩大到整个门厅引起火灾。这次火灾使戟门被毁。

从这些典型的宫殿建筑火灾中可以看出，宫殿建筑火灾的发生除了与民居建筑火灾相类似的原因外，还有雷击火灾。由于宫殿建筑体型高大，在没有安装避雷设备或避雷设备保护半径不到位时，很容易受到雷击而引起火灾。由于宫殿建筑都是按照一定的组群和布局规律，以群体的统一、个体的和谐等方式来布局，建筑物之间前后呼应，左右对称，各个建筑之间通过回廊或夹道连起，形成组群式建筑体系。因此，宫殿建筑一旦发生火灾，也很容易蔓延成大的火灾，其损失是大而惨重的，因为宫殿建筑是中国传统建筑技术和建筑艺术的最高体现，也是我国建筑装饰艺术、雕刻、绘画技术的集中体现，宫殿建筑火灾不仅造成建筑物本身的破坏和毁坏，而且毁坏的还有无形的技术和艺术，以及建筑物内珍藏的其他宝贵文物。

1.1.3 宗教古建筑

我国的古建筑遍布全国各地，而保存相对比较完整并能正常使用的古建筑中，宗教建筑占比相对较大。在我国已公布的七批全国重点文物保护单位中，有 500 余处是宗教建筑。宗教古建筑承载着丰富的历史文化内涵和宗教信息，不仅具有深厚的传统风俗历史与宗教文化底蕴，同时也是极具特色的人文景观和旅游资源。在宗教古建筑中，佛教建筑以庙宇古塔最具代表性，佛塔的神圣性和感化性在宗教教化中的影响相对较大，在全国各地的分布也最为广泛。因而，宗教建筑火灾中庙宇火灾和佛塔火灾所占的比重相对较大，而其火灾特性和防火措施也是宗教古建筑火灾防治的难点和消防保护的重点。

宗教古建筑是一个民族历史和文化的重要载体，由于其具有不可再生的特性，所以对其保护受到社会各界的高度关注。四川甘孜藏族自治州是一个以藏族为主体民族的地级行政区，同时也是我国第二大藏区。受历史沿革、民族文化特点的影响，甘孜藏族自治州留存至今的古建筑多为寺庙等宗教活动场所，这些建筑建成年代久远、建筑布局紧凑且多为木质结构，发生火灾的可能性相对较高。而随着藏区旅游业的迅速崛起，此类建筑逐渐成为重要的旅游景点，每年都吸引着大批游客去观光和游览。纷至沓来的游客一方面为当地带来了可观的旅游收入，另一方面也为寺庙类古建筑带来了许多人为的火灾隐患。因此，无论是从保证古建筑安全性和完整性的角度，还是从保护人民群众生命财产安全的角度，寺庙类古建筑的消防安全都是一项需要常抓不懈的重要工作。

1. 宗教古建筑的建筑特征

建筑结构危险性高，火灾荷载大。甘孜藏族自治州的寺庙类古建筑基本属于木结构或砖木结构，且以香樟、松、杉、柏等富含油脂的易燃木材作为主要建材，在长期风干和侵蚀的作用下，建材含水率低、疏松度高的特点非常明显，不仅容易引燃，而且在相当程度上加快了火灾发生后的蔓延速度。另外，此类建筑的构件表面多以油漆和彩绘覆盖，室内的地毯、幔帐、哈达等易燃装饰物数量较多，建筑的火灾荷载因此大幅增加。建筑布局紧凑，火灾容易蔓延和扩大。甘孜藏族自治州的寺庙类古建筑多以建筑群形式存在，而且缺乏完整的水平、垂直方向上的防火、防烟分隔能力，为火势同时在垂直和水平方向蔓延提供了条件。与此同时，此类建筑大多依山势修建于山坡之上，四周多有墙壁包围，台阶曲折且数量众多，缺乏现代消防车辆的消防通道，消防车辆无法靠近以灭火救援。所以，一旦古建筑发生火灾，在无法得到及时扑救的情况下，很容易导致火灾的蔓延和扩大。

2. 宗教古建筑的火灾隐患

（1）建筑木材易燃烧。以木材为主要材料的宗教类古建筑，其中的建筑主材——木材经过数百甚至上千年的日晒风吹，含水量极低，在这种情况下如果遇到明火，极易燃烧，发生火灾。

（2）建筑之间的防火间距先天不足，容易蔓延成灾。以木材为主要结构的古建筑尤其寺庙建筑，多以多样的单体建筑为主，通过廊坊、庭院形成彼此相连、层层叠叠的布局形式，除了正门的主路之外，其他的人行过道一般只有 1～2m 的距离，在这种情况下，由于缺乏安全的防火分隔和安全空间，如果发生火灾，在短时间内就会殃及整个建筑区，与此同时，这种结构不利于消防车辆和人员的进入，也为火灾的扑救工作带来了相当大的困难。

（3）消防设施不足。受藏区民俗文化、建筑风格的影响，甘孜藏族自治州的寺庙类古建筑普遍缺乏对消防的考虑，如建筑间距过小、无防火墙、消防水源供应困难等。后期虽然进行了数次整改，但是出于保护古建筑原貌与完整性的考虑，并没有增设太多的现代消防设施，这就造成了寺庙类古建筑有车无路、有水无设施的尴尬局面，用的多是灭火器、消防桶等简易灭火设施，但在面对蔓延迅速、燃烧剧烈的古建筑火灾时，这些简易设施的作用非常有限。

（4）疏散自救能力差，人为火灾隐患多。寺庙类古建筑主要活动着僧人、朝拜者、游客及景点工作人员，以上人群的消防安全意识大多比较薄弱，虽然景点工作人员在业务培训时一般接受过人员疏散的技术和方法，但平时缺乏演练，在发生火灾时很难有效指挥疏散。与此同时，寺庙类古建筑的生活用火用电较多，如烹饪用的液化气罐、煤炉，以及宗教活动的长明灯、百供灯、千供灯等。若管理不善，极易引发火灾。除此之外，普遍存在的电气管路敷设未穿管、电线老化现象及游人乱扔烟头的不良习惯等也属于不容忽视的火灾隐患。

（5）火灾扑救难度大。因为建筑风俗习惯、少数民族风俗、地域文化特点、宗教文化的特点等原因，古建筑多彼此相邻而建，道路狭窄且不易通行，有的在建筑之间还设有门槛台阶等，在这种情况下，稍大一些的消防救援车辆无法通行，在木结构建筑的火灾扑灭工作中，只靠人员和简单的便携设备灭火的效率低下，不利于火灾的扑灭工作。

（6）消防管理上存在问题。在现存的一些古建筑中，普遍存在着消防组织不健全、消防制度不能落实、无人管理等多种问题。首先，多数古建筑管理机构防火组织不健全，无相关的防火安全责任人，没有指定的防火员和消防站，在人员上无法保证防火和灭火工作。其次，消防意识薄弱，缺乏严格的消防管理意识和制度。再次，一些相关的宗教场所，在进行如庙宇烧香拜祭、宫殿祭祖、祭天地等宗教活动时，与之相关的各种设施和用品没有严格的管理措施，相应的纸品、丝制品没有明确的摆放位置，无专人管理，随意堆放。最后，有关的工作部门和领导不重视消防工作，消防资金短缺，对消防隐患没有及时整改，相关的灭火器材和设施得不到落实。

1.2　砖木古建筑群火灾危险性

1.2.1　韩城市党家村的火灾危险性

砖木结构形式的古建筑群火灾调查与研究一直是火灾科学、灾害学中的薄弱之处，缺乏相对科学有效的治理手段和研究措施。为进一步探究古建筑火灾发生机理、古建筑生存及保护状况、消防治理等，为更好地将古建筑及传统民居的防火保护与科学的模拟仿真技术、火灾可视化等有机结合起来，课题组对陕西省韩城市党家村进行了多次调研。

调研主要是从党家村古村落的整体与局部结构安全性调查、维护修缮情况、结构安全隐患、消防防火安全的管理现状、村落的主要道路宽度、消防设置、木材含水率及现有的防火具体措施和旅游管理等方面来进行的。

1. 党家村概况

党家村坐落在历史文化名城、司马迁的故乡韩城市，始建于元至顺二年（1331年），完成于明嘉靖四年（1525年），清嘉庆至咸丰年间达到鼎盛，已有近七百年的历史，是国内迄今为止保存最好的明清建筑村寨，被称为"民居瑰宝""东方人类传统民居的活化石"。

党家村坐落在韩城市的东北方向，东邻黄河，南绕泌水，形如嵌置于高原河谷的"宝葫芦"。依塬傍水、避风向阳，瓦屋千宇，不染尘埃，文化内涵极为丰富。该村距城区 9km，总面积约 1.2km²，是韩城市境内规模最大的古民居村寨。这里主要居住着党、贾两大家族，约 332 户人家，1340 余人。村中现存陕东风格的四合院 120 余座，另有保存完整的城堡、哨楼、牌坊、宗祠和塔楼等。该村落现分为本村、上寨和新村三部分，本村与上寨形成于明、清两代，新村兴建于 20 世纪 80 年代。为保护古村落的完整和统一，按照规划，村民已陆续迁至北垣。

韩城市党家村村落概况见图1-2。

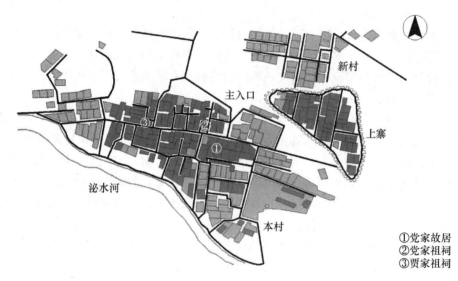

图1-2　韩城市党家村村落概况

党家村四合院属韩城市四合院建筑风格，部分为三合院形式，在空间构成、结构布置、装饰手法等方面均有鲜明特色。其保护范围：东自泌阳堡，西至西坊塬边，南起南塬崖畔，北到泌阳堡北城墙50m处，村落总面积共1.2km²。由于该村位于狭长的沟谷之中，地形复杂，凹凸多变。有利的地形可缓解冬季西北季风的侵袭，又能保证夏天的凉风顺沟谷吹过，是冬暖夏凉的好住所。党家村的地质很有特色，北塬上的土壤由第三系红黏土和老黄土构成，土质黏性大，结构致密，流水和风力很难将尘土吹扬，从而保证了古民居屋顶的"一尘不染"；同时北塬上稳定的地质结构决定了边坡的稳定性，很难发生滑坡、坍塌等自然灾害。古村落南侧隔泌水河相望的地质由黏性较大的白黏土构成，它们可以很好地吸附村落的尘埃，使党家村整体空气得到净化，从而保证古村落的干净整洁。

党家村古建筑的外在表现极具特色，宅院格局也不同于北京方正的四合院形式；村落布局独一无二，巷道的空间组织非同寻常；有利的村落地势及巷道铺装共同形成了良好的排水系统；周边有利的水资源为党家村的地域特色添砖加瓦。宗祠家庙是传统村落中最为重要的公共建筑，亦是家族最为神圣之地。党家村共建祠堂十处，大部已残破。党家祖祠位于大巷东端，坐北朝南，祠门面阔三间，约13m，厅堂亦为三间通室，两厢各三间。贾家祖祠位于大巷西端与贾巷之间，坐西朝东，祠门小五间，明三暗二，中三间门廊，厅堂三间。党家故居只开放北侧主房，其余均未开放。

2. 建筑结构状态

砖木结构是建筑物中竖向承重结构的墙、柱等采用砖或砌块砌筑，楼板、屋架等用木结构。由于力学工程与工程强度的限制，一般砖木结构是平层（1～3层）。但是砖木结构有其自身的不足与缺陷。韩城市党家村古民居大多采用的是砖木结构，且党家村始建之初到现在已有六七百年的历史，早已超出其使用年限。砖木结构本身就具有一定的局限性，由于村中古民居多为一层，有些民居采用砖石砌筑，尤其是早期烧制的青砖，以及早期所进行维修的原因，房屋才能存留至今。各种结构房屋耐用年限及残值率对比，见表1-1。

表 1-1　各种结构房屋耐用年限及残值率对比

研究内容	简易结构	砖木结构	砖混结构	钢混结构	钢结构
非生产性房屋	10 年	40 年	50 年	60 年	80 年
生产性房屋（车间、厂房）	10 年	30 年	40 年	50 年	70 年
受腐蚀的生产性房屋	10 年	20 年	30 年	35 年	50 年
残值率	0	砖木一等6% 砖木二等4% 砖木三等3%	砖混一等2% 砖混一等2% 砖混一等2%	0	0

由于党家村始建于元代，距今近七百年，且地处西北地区，长年风雨侵蚀、战火洗礼，有较多古建筑存在较大程度上的破坏，甚至出现坍塌等严重的破坏情况。由于原来民居作为私人居住之场所，用于起居生活，现其使用用途已变更为旅游场所，使用功能上的变更，加剧了对古民居的损坏（图1-3），一些年久失修的建筑物劣化严重。

(a) 房屋裂缝　　　　　　　　　(b) 已坍塌房屋

(c) 墙面脱落　　　　　(d) 墙面泛碱、风化、剥落严重

图 1-3　房屋外墙损伤

经统计，党家村民居中外墙面开裂问题是一个普遍现象，绝大多数建筑物或多或少有外墙开裂问题，有些建筑物甚至开裂严重，具有一定程度上的危险隐患。水平荷载及竖向荷载作用下对墙体的剪切应力不足是导致墙体开裂的主要原因，应该引起管理者重视（图1-4）。

(a) 外墙风化严重　　　　　　　　(b) 青砖外墙开裂

图1-4　外墙面开裂变形

村落中屋舍、祠堂等建筑物均采用砖木结构，木构架通过榫卯连接，主要承重构件的木柱直径为20～30cm。调研发现，木柱子劣化、损坏严重，即使在翻修中使用的木柱也存在问题。比如柱子出现中空、局部开裂、贯通开裂、柱根糟朽等情况（图1-5～图1-7），给结构带来潜在的隐患。

(a) 门木柱开裂严重　　　　　　　　(b) 柱子根部开裂

图1-5　主要承重构件的开裂、变形、移位

(a) 山墙一侧的柱子上下开裂贯通　　　　(b) 古民居木柱严重开裂变形

图1-6　房屋柱子损伤

(a) 开裂木柱内填充　　　　　　(b) 开裂木柱内填充

图 1-7　开裂的承重构件填充加固

有些木柱已经进行加固，加固采用的是铁箍形式（图 1-8）。主要是对柱根部位、开裂较为严重部位进行加固，从而抑制开裂的继续发展，在一定程度上可以减少木柱的破坏情况，但仍然有较多木柱并未进行加固等维护措施。

图 1-8　开裂的承重构件铁箍加固

3. 村落的消防设施

冬季是党家村旅游淡季，游客较少，调研中绝大多数民居均未对外开放（涉及一些文物保护的因素），仅有两所祠堂开放。以贾家祖祠和党家祖祠为典型案例进行介绍。

贾家祖祠建筑信息如图 1-9～图 1-11、表 1-2～表 1-4 所示，党家祖祠建筑信息如图 1-12、表 1-5～表 1-7 所示。

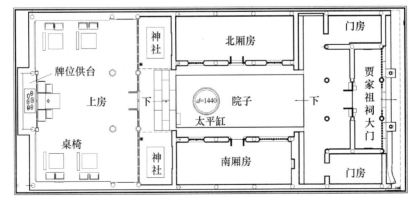

图 1-9　贾家祖祠平面图

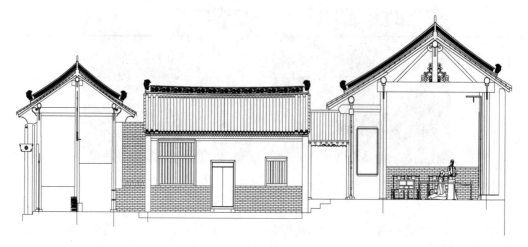

图 1-10 贾家祖祠剖面图

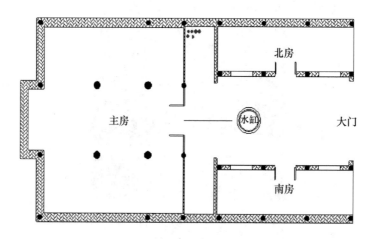

图 1-11 贾家祖祠消防设备位置

表 1-2 贾家祖祠建筑信息

位置	木柱 （数量）	木柱直径 （mm）	建筑尺寸 （m）	建筑面积 （m²）
主房	12	$d=320$（2 根） $d=256$（10 根）	6.788×10.542	71.56
南房	8	$d=240$	7.350×2.975	21.87
北房	8	$d=240$	7.350×3.082	22.65
门厅 （含南北门房）	16	$d=340$（4 根） $d=240$（12 根）	5.789×10.840	62.75
总建筑 （含庭院、神社）	44	—	22.487×10.840	243.76

表 1-3 贾家祖祠家具陈设

位置	桌案 （个）	椅子 （把）	长凳 （根）	字画 （幅）	坐垫 （张）	灯笼 （个）
主房	6	10	4	0	1	5
南房	5	0	0	1	0	0
北房	0	0	0	2	0	0

表 1-4 贾家祖祠消防设备

种类	MFZ/ABC8 手提式干粉灭火器	MFZ/ABC4 手提式干粉灭火器	消防桶	传统太平缸 （有水，未满）
数量（个）	2	2	1.5	1
容量	8kg/个	4kg/个	—	434.5L

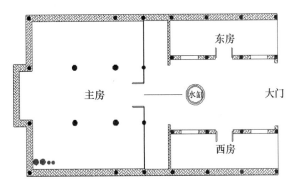

图 1-12 党家祖祠消防设备位置

表 1-5 党家祖祠建筑信息

项目	木柱 （数量）	木柱直径 （mm）	建筑尺寸 （m）	建筑面积 （m²）
主房	12	—	6.650×8.100	53.87
东厢房	10	—	6.090×2.100	12.79
西厢房	10	—	6.090×2.100	12.79
其他	8	—	—	43.51
总建筑（含庭院、不含门厅）	40	—	15.180×8.1	122.96

表 1-6 党家祖祠家具陈设

位置	桌案 （个）	椅子 （把）	长凳 （根）	字画 （幅）	坐垫 （张）	灯笼 （个）
主房	6	10	4	10	1	5
东房	4	0	0	13	0	0
西房	3	0	0	6	0	0

表 1-7 党家祖祠消防设备

种类	MFZ/ABC8 手提式干粉灭火器	MFZ/ABC4 手提式干粉灭火器	消防桶	传统太平缸 (有水，未满)
数量（个）	2	2	0	1
容量	8kg/个	4kg/个	—	434.5L

　　由于党家村水资源短缺、灭火设施配备不足，同样作为火灾评估的减分项并为消防管理带来隐患。此外，村内居住人数渐少，人口老龄化严重等问题，导致发生火灾时很难及时发现和自救。除可燃物规模数量统计外，课题组成员对消防设备进行了统计。通过调查走访，整个村内均未设置烟雾报警系统和喷淋系统，四合院内均采用传统的消防器材，如手提式干粉灭火器、消防桶及太平缸。

　　整个村落的消防设施较少，灭火器摆放数量不足（图 1-13），消防栓等设施并未设置，村落中的防火标语较少，整个村落防火意识较差。

图 1-13　祠堂厅房外灭火器

　　党家村内各位置的消防设备情况如下：

　　党家祖祠：祠堂庭院内部设置有水缸，缸中有水，东侧放置有两大两小共四瓶灭火器，祠堂内部线路布置规整完善，东西厢房内部无任何消防设置。其中庭落东西宽度约为 8.7m。

　　贾家祖祠：祠堂庭院中央设置有水缸，缸中有水，设置有灭火器两大两小，祠堂内部线路布置规整完善，东西厢房内部无任何消防设置。

　　家训展馆：展馆内部设置有一大三小共四瓶灭火器，庭院设有水缸，但无水；其中庭落宽度为 3.5m，主屋东西方向为 11.6m，庭落旁过道深 10.6m。

　　花馍展馆：无任何消防设置，南北方向为 13.6m，庭院宽度为 3.04m。

　　一颗印院：院内设置有一大三小共四瓶灭火器，其中庭落宽度为 3.8m，院落深 7.8m，主门处宽度为 1.7m。

　　耕读第：内部设置有两大瓶灭火器。

　　党家分银院：其中内部窄道宽 1.05m，设置有四大两小共六瓶灭火器。

　　双旗杆院：院内设有两大瓶灭火器、两只消防桶、一把消防用铁锹。

书画院：庭院内部南北为 16m，东西为 3.3m，呈狭长状，灭火器两大两小。

文星阁：一层处有烧香台，设有一小瓶灭火器、两只消防桶、两把消防用铁锹。

村中设有农家乐和商店，主要集中在入口处东侧 3～6 处农家乐及西南角一处农家乐周边，用于招待游客休息、用餐。

其他：据不完全统计，村落内现有住户约 30 户，其中一些住户有生火、空调电器使用情况。当日，村落中正在进行大面积的装饰装修活动，工人出入频繁，一些老旧房屋正在进行加固工作。

4. 用电不规范

无论夏季还是冬季，电火花及非故障释放的能量在具备燃烧条件下引燃本体或其他可燃物而造成的火灾现象频频发生。人为原因（如裸露、碰压、划破、摩擦等）和自然原因（如风吹雨打、潮湿、高温、腐蚀等）使电线的绝缘或支架材料的绝缘能力下降，导致电线与电线之间、导线与大地之间有一部分电流通过，导致漏电，漏泄的电流在流入大地途中，如遇电阻较大的部位，会产生局部高温，致使附近的可燃物着火，从而引起火灾。此外，在漏电点产生的漏电火花，同样也会引起火灾。

党家村的电线乱扯乱挂现象严重，很多地方的电线已经破损，容易短路引起火灾（图 1-14～图 1-17）。电气线路应该采用铜芯绝缘导线，不能用金属穿管敷设，在配线过程中，将一座建筑作为一个单独的分支回路，独立设置开关，安装熔断器。严禁乱拉乱接电线，对临时使用的电线需要审批，使用结束后应立即拆除。

(a) 墙上随意布置的线路

(b) 狭窄街道随意堆积的木材

图 1-14　线路乱扯乱挂

图 1-15　活动式灭火设施的摆放

图 1-16　电线的私拉乱扯现象

图 1-17　电线盒整修前后

5. 木构件含水率

党家村古建筑村落主要以砖木结构形式形成，各个建筑物主要的构件如柱子、梁，以及一些功能性构件如屏风、家具、隔挡、门窗等均为木材所制，存在一定消防隐患，调研中具体测量了其中开放的8个建筑物，分别测量其构件和功能性材料的含水率。调研测量含水率使用的是标智 GM630 感应式木材水分测量仪（Wood Moisture Meter）［图 1-18（a）］。可同时测量现场温度及含水率，精度为 0.5%。调研当天天气良好，温度在 31℃ 左右。仪器本身的误差及使用者测量过程中出现的问题，木材表面空洞、阳面阴面、木材表面涂刷油漆，以及柱子、门窗所在位置，都会造成测量结果的不同。

（a）标智GM630感应式木材水分测量仪　　（b）红外测距仪

图 1-18　测量仪器

　　党家村内部建筑梁柱主要以松树和杨树为主，有个别家具为檀木类。为方便测量，选取较多使用的松树木材进行测量，主要测量党家祖祠、党家分银院、贾家祖祠、一颗印院、双旗杆院、书画院、家训展馆、花馍展馆共 8 个具有代表性的建筑物。

　　图 1-19 和图 1-20 分别为党家祖祠、贾家祖祠的冬夏两季的木材含水率对比。不同木材位置现场测量测点数量为 3～5 个，经过误差分析后取平均值，分别得到党家祖祠15 个综合测点 A1～A15，贾家祖祠综合测点 A1～A18。

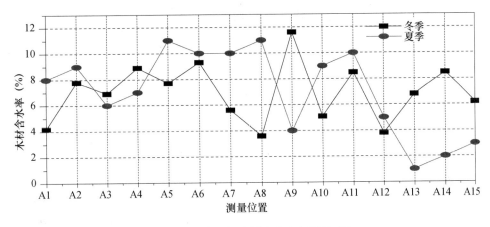

图 1-19　党家祖祠木材含水率冬夏季对比

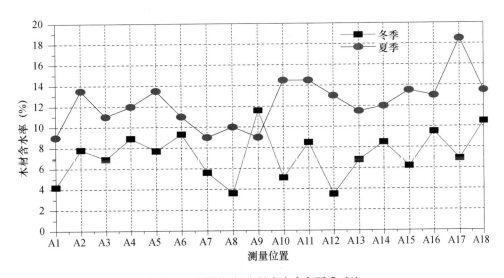

图 1-20　贾家祖祠木材含水率冬夏季对比

　　根据 2017 年 12 月 2 日测量的结果得知，党家祖祠大门外柱的平均含水率为 7.56％，院内柱的平均含水率为 10.1％，室内外柱的平均含水率为 8.83％；院外大门的平均含水率为 13.13％，院内大门的平均含水率为 11％。党家祖祠室内外柱的平均含水率为5.35％；大门的平均含水率为 10.1％，明显高于院内主房门（3.4％）、西房门（7.8％）及东房门（8.4％）的平均含水率；西房窗的平均含水率为 8.2％、东房窗的平均含水率为8.6％；室内字画框的平均含水率（8.2％）几乎等于室外字画框的平均含水率（8.1％）。

贾家祖祠大门外柱的平均含水率为11.3％，院内柱的平均含水率为12.1％，室内外柱的平均含水率为11.7％；院内门的平均含水率为14.6％。2017年12月2日测量结果显示，贾家祖祠室内外柱的平均含水率为6.5％；大门的平均含水率为11.6％，明显高于院内主房门（5.1％）、南房门（8.5％）及北房门（3.8％）的平均含水率；南房窗的平均含水率为7.65％、北房窗的平均含水率为7.85％；室内字画框的平均含水率（6.9％）低于室外字画框的平均含水率（10.5％）。

综上所述，相同建筑物同一构件部位的含水率在冬夏季存在着明显的差异。经常见光构件部位含水率明显低于不见光构件部位，冬季木材含水率要低于夏季木材含水率，因此，在考虑数值模拟的过程中，将冬季木材含水率值作为具体的参考。

6. 村落道路布局

考虑到火灾发生时，村中的道路较（最）窄处是限制火灾救援的重要影响因素，因此，本次调研过程中，对道路的宽度、端巷长度进行了测量，尽可能多次测量较（最）窄处宽度。图1-21中标注的是道路宽度、端巷长度等数据，具体数据如下：R1为2.10m；R2为3.60m；R3为1.50m；R4为3.80m；R5为1.40m；R6为1.75m；R7为2.60m；R8为2.10m；R9为2.20m；R10为5.20m；R11为1.54m；R12为2.54m；R13为1.89m；R14为1.75m；R15为1.90m；R16为1.50m；R17为2.40m；R18为1.90m；R19为1.60m；R20为2.10m；R21为1.90m；R22为2.90m；R23为3.10m；R24为2.40m；R25为2.40m；R26为1.60m；R27为2.60m；R28为2.20m；R29为2.00m；R30为2.60m。

由上述数据可知，村落内道路极其狭窄，消防车通行困难，对火灾扑救非常不利。

图1-21　党家村平面图（道路宽度分布）

注：R×表示道路编号；道路宽度测量主要以较窄处为准。

7. 村落安全隐患平面图（图1-22）

图1-22详细画出了调研期间所发现的安全隐患所在位置，具体如下：

图 1-22 党家村平面图（安全隐患分布）

注：图中①～⑯代表安全隐患所在位置；2、3、4、S 代表摄像设备。

①该位置有电线穿过，电线距离地面 3.6m。

②该位置建筑物外墙有凌乱电线、电闸，距离地面约 2.3m。

③该位置两个建筑物有明显裂缝存在。

④该位置有人居住，有电线、烟囱。

⑤该位置调研期间正在进行施工维修。

⑥该位置存在小巷道，存在混乱电缆。

⑦该位置道路东侧有一变压器箱，道路表面存在明线。

⑧该位置道路两侧建筑外墙有凌乱电线。

⑨该位置为一处农家乐，存在电源、烟囱、水源。

⑩该位置为一处交叉路口，电线排布混乱、老化。

⑪该位置为交叉路口拐角建筑物外墙电线排布混乱。

⑫该位置为公共建筑书画院，院内布置有电线。

⑬该位置为文星阁，文星阁一层供游客上香敬拜，有火源隐患。

⑭该位置为入村路口的道路南侧设置的一变压器箱。

⑮该位置是一处现代建筑，临近节孝碑楼的外墙有电线。

⑯该位置是三家农家乐，电线、水源、生活用具均有，火源存在。

调研期间发现只有在村中东西主路上安装了摄像设备。

整个村落大多均为砖木结构，并且历史年代久远，在一定程度上存在不同的安全隐患。

1.2.2 西安事变纪念馆的火灾危险性

调研西安事变纪念馆（张学良公馆），主要为了解结构安全性、维护修缮情况、安全隐患、消防防火安全的管理现状、现有的防火具体措施等方面。

1. 西安事变纪念馆简介

西安事变纪念馆位于西安市建国路甲字 69 号（原张学良公馆），现对外开放的有张学良公馆、杨虎城将军纪念馆。张学良公馆建于 1935 年秋，原属于西北通济公司。1935 年 9 月，成立"西北剿匪总司令部"，蒋介石任命张学良为副总司令，代行总司令之职。随后张学良从汉口迁至西安，租用了通济信托公司刚竣工的金家巷五号房舍，即为"张学良公馆"。公馆以东、中、西楼为主体，附属北排平房为传达室、承启室、军人接待室和汽车库，南排是军官食堂和卫士住室，西楼旁为中、西餐厅，总面积为7700m²。张学良公馆 1982 年被国务院批准为全国第二批重点文物保护单位，经修复加固，于 1986 年 12 月正式对外开放。西安事变的酝酿及和平解决都是在这里进行的。

张学良公馆（图 1-23）始建于民国时期，属于近代建筑，无论是其建筑类型还是结构形式，都具有明显的近代民国时期中西融合的特点。西安近代建筑在发展中期，逐步形成了一整套近代建筑类型，西安现存的建于这一时期的建筑占大多数。张学良公馆属于典型的独户型住宅，属于西安近代出现的一种新建筑风格，即西式折中建筑风格。三座主体建筑形制基本相同，只有楼前厅的屋顶与两楼有所区别，是单檐攒尖顶。三幢楼都是带有半地下室的三层建筑。楼房主体的屋顶全部采用大屋架四坡流水的建筑形式，屋顶覆盖小青瓦，有猫头滴水。主体楼前有延伸建筑，是一层半地下室台阶的屋顶，也是进入楼房主体二层的前厅，该建筑在楼房的三层，则被当作小的会客室。楼房主体后面的延伸部分是和楼房主体一起从半地下室盖起的，其室内部分的一、二层正对楼房的入室大门，是楼房的后厅，而在楼房的三层，则被作为露天阳台使用。每幢小楼的三层都有一个小门通往阳台。由于用途不同，三幢小楼内房间的设置也不尽相同。A、B、C三幢楼房造型相似，为十字形平面，设有地下室。三幢建筑的入口均开向北侧，有楼梯从入口两侧直接上到建筑二层，内部空间精致，布局紧凑合理。

图 1-23　张学良公馆主楼外观

张学良公馆 A、B、C 三座建筑均为砖木结构。清水砖墙配以木构屋架，朴素典雅。个别细部处理有欧式建筑元素，如栏杆的短柱。建筑下端有砖制散水和排水地沟，反弧倒角的散水砌筑方式。由于整个建筑进行了顶棚装饰，未能拍摄到建筑的上部木构屋架。

2. 建筑结构现状

张学良公馆采用的是砖木结构。砖木结构指建筑物中竖向承重结构的墙、柱等采用砖或砌块砌筑，楼板、屋架等采用木结构。由于力学工程与工程强度的限制，一般砖木结构是平层（1～3层）。但是砖木结构有其自身的不足与缺陷。张学良公馆始建之初到现在已有80多年的历史，超出其使用年限。通过各种结构房屋的对比，可见砖木结构本身就具有一定的局限性。

3. 建筑物结构设计规范不完备

（1）建筑物《建筑抗震设计规范》（GB 50011—2010）的不足。

张学良公馆始建于1935年，当时的建筑结构设计规范与现今的设计规范有着巨大的差别，当时的建材的种类与质量相对匮乏。根据《建筑抗震设计规范》（GB 50011—2010），西安市8个市辖区抗震设防烈度为8度，而当时的具体抗震设计无从查起，可以肯定的是，相比如今的抗震要求来说，无论是抗震设计的思想还是结构设计中的具体抗震措施，均有较大的缺陷与不足，从而加剧了整个建筑物的损伤程度，大大削弱了建筑物的使用寿命。

（2）建筑物使用性质变化引起荷载变化。

张学良公馆起初为其私人住宅，从1986年12月开始，在纪念西安事变五十周年之际正式建成西安事变纪念馆，并对外开放，成为一个公共学习、旅游的场所。在调研期间，经调查，西安事变纪念馆的日平均游客量为600人次。屋面活载按照现在的设计而言，住宅楼面活荷载标准值为2.0kN/m^2，展览类建筑楼面活荷载标准值为3.5kN/m^2。可见，即使按照现如今的设计规范设计，从住宅型设计到公共展览厅的使用变更上而言，就已经有较大的荷载设计不足问题，对建于几十年前且低于现在设计规范的民用建筑而言，安全性问题不言而喻。随着上部荷载的增大，墙体可能出现结构性裂缝，从而使墙体受到破坏。调研期间，我们发现较多修补后的墙面，如图1-24所示。

（a）修复后的墙面　　　　　　　（b）墙体上出现的明显裂痕

图1-24　墙面损害

4. 建筑物年代老化损伤问题

由于纪念馆外墙采用清水砖墙设计，外墙没有涂料或保护层等防护，裸露的外墙经过长年的风吹日晒破坏，有的墙面出现泛碱现象，有的块材出现局部损坏，砖缝间隙过大等一些情况。外墙出现破损、墙皮脱落、砖缝过大、咬合不够（图1-25）等现象。整个建筑在结构上存在一定的安全隐患。

(a) 个别块材出现局部破坏   (b) 多处墙砖进行了修补替换

图 1-25 墙面破损严重

5. 纪念馆的结构安全隐患

（1）纪念馆自身已超出设计使用年限。根据上文提到的，该建筑物 A、B、C 三座主楼均为砖木结构并且已服役超过 80 年，经过历史时间的洗礼，结构本身存在着一定的不安全因素。

（2）纪念馆对游客开放，承受的荷载超出设计范围。作为原有的住宅型用途的建筑物，变更为现在的公共场所，荷载出现较大变化，对结构本身有着较大破坏。

（3）纪念馆维护修缮加固过程中出现二次损伤。1986 年开放之前，进行过一系列的检测加固，在检测加固过程中对原有的建筑有一定的损伤。

（4）原纪念馆设计的排水为无组织外排水，对外墙面长时间侵蚀，原有设计并未设置防雷措施。

（5）为开放的需要，在各个建筑物及其室内进行安装设备，这也对建筑物有损坏。

6. 纪念馆火灾安全隐患

（1）该建筑为砖木结构，上部为木构屋架，有一定的火灾隐患。尤其是三座建筑物中的 B 楼上部为仿古式屋盖（图 1-26）。

图 1-26 B 楼外观

（2）建筑物内地板、门窗、家具均为木质材料（三座主楼地下室地面除外，A、B、C楼地下室现在均为面砖地面），并且内部设计空间狭小，客厅及卧室铺设有地毯，可燃、易燃物较多。

1.2.3　三原城隍庙的火灾危险性

基于对三原城隍庙的三次实地调研，与韩城市党家村古建筑群内消防管理方法进行对比，归纳古建筑群火灾风险项，探索消防管理手段的不足之处。

三原城隍庙主要调研内容见表1-8。

表1-8　三原城隍庙主要调研内容

调研内容	详情信息统计
建筑信息统计	柱、门窗、家具、装饰等
木材含水率	木质门窗、木柱、功德箱
建筑物室内外易燃物品信息统计	木、塑料、纸、布等易燃制品
室内外消防设备	消防设施种类、数量规格
公共消防设施	公共避难区域、防雷设施等
公共消防管理	消防管理措施
经营性场所消防管理	类别、安全出口数量、室内灭火系统等
建筑损坏	砖墙裂缝、构件开裂
周边状况	火灾隐患、结构隐患、人为隐患

1. 三原城隍庙简介

三原城隍庙位于三原县城区内（图1-27），景区周围被民居所包围，自明洪武八年（1375年）始建以来，三原城隍庙至今保存完整，无火灾发生记录。

(a) 三原城隍庙门口　　　　　　　　　　(b) 三原城隍庙木牌坊

图1-27　三原城隍庙外观

城隍庙古建筑群占地13390m²，各种形态建筑共计40余座，每年中秋佳节期间，大型祭祀活动及戏剧表演频繁，人员密集，火灾危险源较多。

由地图可知，三原城隍庙北邻清峪河，水源丰富，为消防用水提供了有力保障。该景点距离三原县公安消防局仅 3min 车程，消防武警力量有保障，在一定程度上减少了火灾发生时间。景区内虽不能进入消防车辆，但周围设有可通行道路，一旦发生火灾，可通过邻近车道进行紧急扑救。

2. 木结构状况

三原城隍庙内各殿采用木质结构作为主要的承重结构，是火灾荷载密度的最重要组成部分，同时，各殿内的装饰品也多用木材制成，因此研究统计木材的含水率是研究古建筑火灾发生机理的重要指标和因素。下面主要根据三原城隍庙献殿、明禋亭及寝宫的木柱含水率进行数据统计和处理。

（1）献殿木材含水率

由于前往三原城隍庙中献殿祭祀的人员众多，故增修拜殿增加殿堂面积，以满足祭祀活动对场地的需求。献殿内柱子距离拜殿门口较远，故长时间没日照。使用标智GM630 感应式木材水分测量仪，选取合适参数进行现场测量，分别对每个木材构件的三个位置进行测量，每个测点测量三次，经过误差分析后取得平均值，得到木柱、木窗、木门各个测点含水率统计图，如图 1-28 所示。

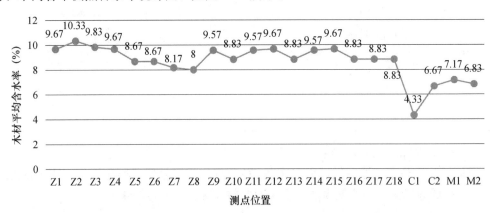

图 1-28 献殿内木材平均含水率（当日气温：33℃）

（2）明禋亭木材含水率

明禋亭南邻献殿，北贴寝宫，东西被建筑物遮挡，故亭内木柱见光少，理论上木材含水率应高于常年见光木材的含水率。经过误差分析后取平均值，得到亭内及周边木柱的含水率，如图 1-29 所示。

（3）寝宫木材含水率

寝宫前有明禋亭遮挡，后邻马路，室内存放多件文物，气温仅有 26.7℃，且有两名人员一同看护，用电安全，木材保护完好。含水率实际测量结果如图 1-30 所示。

从此次对木材含水率的测量结果可以看出：

（1）献殿内木柱的平均含水率为 9.17%，木窗的平均含水率为 5.50%，木门的平均含水率为 7.00%。综上所述，经长期光照的木材含水率明显低于室内不见光木材含水率。

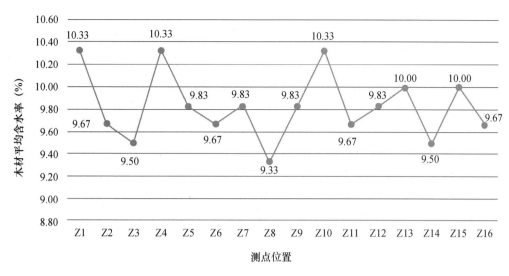

图 1-29 明禋亭木材平均含水率（亭内气温：31.3℃）

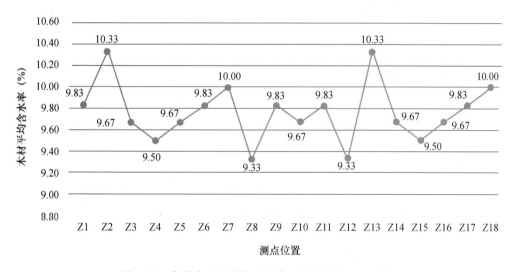

图 1-30 寝宫内木材平均含水率（室内气温：26.7℃）

（2）明禋亭内及周边木柱的平均含水率为 9.83%，显然高于献殿内外木材含水率，与理论猜想一致，高于常年见光木材含水率，且由于明禋亭及寝宫内均无祭祀活动，故亭内木柱含水率也比献殿内木柱含水率高出 0.66%。

（3）寝宫内由于室温低于外部温度，室内木柱常年见光少，平均含水率为 9.77%。

（4）实际测量结果中，最高含水率为 10.33%，最低水率为 4.33%，因此应对含水率较低的木材进行特殊处理，提高其含水率至平均水平，否则极易燃烧，降低建筑物耐火极限。

由《木结构设计规范》（GB 50005—2017）得知，现场制作的木制构件，木材含水率应符合表 1-9 的要求。

表 1-9 现场制作木构件含水率要求

构件类型	含水率最高限值（％）
原木后枋木结构	25
板材和规格材	20
受拉构件的连接板	18
连接件	15

调研数据统计表明，三原城隍庙室内平均含水率为 9.58％，均低于各种木构件类型的含水率最高限值。

3. 宫殿内可燃物情况

各殿的可燃物较多，主要是桌椅、手工剪纸、布制品（图 1-31）等，可燃物统计如表 1-10 所示。

(a) 拜殿内布灯笼　　　　　　　　(b) 拜殿内木轿子

图 1-31 可燃物

表 1-10 三原城隍庙室内外易燃物品信息统计

项目	位置	数量（个）	老化情况	布置情况	使用情况	维护情况	备注
手工剪纸	剪纸屋	若干	无	密集布置	装饰、售卖	—	一半以上有玻璃外罩
电线盒	各个殿	若干	无	布置合理	正常供电	良好	塑料外壳
照明灯	各个殿	若干	无	布置合理	正常供电	良好	白炽灯
桌子（木）	各个殿	1~2	掉漆、干燥	神像前	正常使用	良好	内有大量纸币
椅子	神像旁	1	无	神像旁	正常使用	良好	供看管人员使用
电线铺设	各个房间	若干	无	布置合理	正常使用	良好	排线规整
供香	拜殿门前	3	无	均匀布置	正在燃烧	良好	直径约 4cm
布灯笼	拜殿门前	88	无	紧密布置	装饰	良好	—
	殿前、内	若干	无	均匀布置	装饰	良好	—
祈福牌	拜殿门前	若干	无	紧密布置	装饰	良好	木制
轿子	拜殿内	1	无	拜殿中心	装饰	良好	全木制
棉垫	神像前	若干	无	各个神像	正常使用	良好	布、棉花

4. 公共消防设施

景区内公共消防设施完善，均有效使用。入口处的警务室设置专职人员主管消防保卫，上班时间负责在景区内巡视，排查各项风险，虽无专职或志愿消防队员，但经多次演习，基本具备消防队员基本技能。防雷设施完善，在不影响古建筑特色的基础上选取景区最西边均匀布置三座避雷塔，由《建筑物防雷设计规范》（GB 50057—2010）得知，该景区为第二类防雷建筑物，单只避雷针的保护范围按照以下公式进行计算：

地面避雷针保护半径：

$$r_0 = OD = \sqrt{h_r^2 - (h_r - h)^2} \tag{1-1}$$

高度 h 水平面上避雷针保护半径：

$$r_x = r_0 - BC = \sqrt{h_r^2 - (h_r - h)^2} - \sqrt{h_r^2 - (h_r - h_x)^2} \tag{1-2}$$

式中，r_0 为避雷针在地面的水平保护半径（m）；r_x 为避雷针在高度 h 水平面的避雷针保护半径（m）；h_r 为滚球半径（m）；h_x 为水平高度（m）；h 为避雷针高度（m）。

经计算，城隍庙景区满足防雷保护要求。

景区内合理使用职工宿舍前的场所，将其设置为公共避难区域，此处无杂物堆放，干净整洁，并设有室外消火栓。景区门前有一堵高墙，在满足景区建筑特色及堪舆学思想之余，又起到防火隔离墙的作用。三原城隍庙公共消防设施信息统计见表1-11。

表1-11　三原城隍庙公共消防设施信息统计

自防设施	明细		是否仍在使用	备注
消防站/消防宣传点	位置	景区入口处	√	古城镇每个社区应至少设1个消防点，村落每50～100户设1个消防点
	数量	1处		
	设置	有固定地点和醒目标志；有值班人员；无专职或志愿消防队员；无农用设施作为消防补充		
消防水池	容量	蓄水量/水池额定容量	—	单个不应小于50m³
	保护半径	—		不宜大于150m
	破旧程度	—		
瞭望楼	位置	—	—	—
	数量	—		
	高度	—		
防雷设施	位置	职工餐厅、职工宿舍、外宾接待室旁	√	
	形式	现代避雷针		
	数量	3根		
公共避难区域	位置	职工宿舍前	√	设置合理
	面积	50m²		
隔火墙	位置	景区门前	√	分隔景区与景区前广场
	面积	20m²		

5. 公共消防管理

三原城隍庙自建成 600 多年无火灾发生史，这与当地居民的保护意识及当地消防管理部门的重视程度密不可分。此次调研发现，城隍庙的消防管理措施相比韩城市党家村更加规范，值得各个古建筑群相互借鉴。在调研过程中，我们虽未能亲眼所见消防演习，但通过与导游及各个殿中管理者交流，得知政府部门对该古建筑群十分重视，白天有专职人员看守各殿，夜里则安排保卫人员进行实时监控。关于用电，城隍庙内制定了用电安全管理制度，既保证了职工的生命财产安全，又保证古建筑群及建筑内文物的绝对安全，消除了电气安全隐患，制度中明令禁止使用大功率超负荷用电器，使景区内人员形成用电自觉、自查的好习惯。三原城隍庙公共消防管理信息统计见表 1-12。

表 1-12　三原城隍庙公共消防管理信息统计

消防管理措施	有	无	备注
管道、电气线路的防火保护措施	√		敷设在可燃材料上的电气线路应穿金属管、阻燃套管保护或采用阻燃电缆，且应避开炉灶等高温部位
私拉乱接电气线路		√	不应
电气线路上搭、挂物品		√	严禁
用于炊事和采暖明火的防火隔离		√	其周围 2.0m 范围内的墙面、地面应采用不燃材料进行防火隔离保护，周围 1.0m 范围内不应堆放柴草等可燃物
电子监控系统	√		—
火灾探测与报警装置	√		—
定期检查消防设施	√		—
定期检查电气线路	√		—
明显的防火标志		√	
定期进行消防演习	√		频率：省级消防演练 1 次/年；县级消防演练 1～2 次/年
建立防火档案	√		需咨询主管消防保卫的人
疏散线路示意图		√	无明显指示标识
疏散指示标志		√	—

1.3　古建筑火灾危险性分析

建筑火灾中的危险源一般具有决定性、可能性、危害性和隐蔽性的特点。古建筑群由于其建筑材料、室内外存放物品及地理位置的特殊性，火灾风险的因素中有大量是长期固定存在的，如香火和油灯等，火灾事故的发生点具有偶然性，而火灾风险评估的主要任务是全面识别系统中存在的火灾风险因素，确定火灾可能发生的位置，并对其影响程度做出科学合理的评估，确定该区域的火灾风险态势，为评价古建筑群火灾风险等级及修复过程中的性能化防火设计奠定基础。

1.3.1 地理位置及建筑结构危险性

我国古建筑除少量建造在城市市区或近郊外，绝大部分建造在远离城市的高山深谷中，建造时一般都充分利用地形地物，就势而建。院落相错、通路曲折，构建在山腰和山顶或处于深山环抱中，人员徒步到达都非常困难，消防车更难以靠近。加之古建筑远离城镇，消防水源缺乏，灭火用水得不到保障，如泰山、九华山、华山等许多名山上的古道观，位于山顶或山腰，消防水源缺乏，僧人、道士、游人、香客只能沿石阶攀登，消防车无法到达，一旦发生火灾，只能自救，从而丧失了有效控制火势的机会。少数建筑虽在城镇附近，但大多是道深巷窄、门槛重重、台阶遍布、高低错落，普遍存在建筑形体高、院墙高、过门高、过道窄的现象，对火灾的扑救工作很不利，从防火安全的先天及后天条件上看，古建筑的整体消防安全可靠度均已大幅度降低。又因其"客观存在"，改变、改造其结构、增设消防安全设施相对困难。

在建筑形式上，古建筑的殿堂高大开阔，有利于木材的燃烧。例如，太晖观金殿面阔、进深皆 10 余米，室内净高 11m；玄妙观玄武阁面长 10.74m、宽 11.9m，室内净高 10m 左右；文庙长 16m，高达 15m，这些古建筑发生火灾时，氧气供应充足，燃烧速度就会相当惊人，玄武阁建在高高的台基上，四面凌空；朝宗楼矗立在高大的城墙之上，周围亦无建筑物遮挡，更是四面迎风，起火时势必风助火势，火仗风威。

在结构形式上，古建筑用大木柱支承巨大的屋顶，而屋顶又由大量的木材加工而成，叠架的木梁架连接木柱与屋顶，这种组合形式犹如架空的干柴，周围的墙壁、门窗和屋顶上覆盖的陶瓦等围护材料恰恰又犹如炉膛，使古建筑有良好的燃烧条件。古代建筑主要结构多为木材，又以组群规模布置，下部大多以高大台基相托，上立木柱以支承巨大的屋顶，用木材加工制作斗拱、梁、桁、望板等构成的大屋顶，包括天花板、藻井部分架于立柱上部，其顶上以灰背、陶瓦、鎏金瓦等覆盖。由于廊道相接，建筑物彼此相连，没有防火间距，建筑群内没有消防通道，防火分区不够明确，失火后火势蔓延迅速。另外，古建筑的开窗面积小，围护结构又相当密实，在发生火灾时，室内的烟不易消散，温度易积聚，当温度升到 600℃时，便会迅速轰燃，由于轰燃是在环境温度持续升高并大大超过可燃物的燃点时发生的，因而无须火焰直接接触，就可以烧起来，轰燃后火灾发展到了高潮阶段，扑救相当困难。

1.3.2 建筑材料危险性

1）火灾荷载大。古建筑有独立建筑或建筑群，其结构多为砖木或纯木结构的三级、四级耐火等级，耐火性能差。古建筑采用的大量木材使其火灾负荷量增大。通常用火灾负荷量来表示可燃物的数量。所谓火灾负荷量，是指在一定范围内可燃物质的数量及其发热能量通常以木材的数量及其发热量的所得值来表示，建筑内部的其他可燃物质，如棉、丝织物、纸张书刊等也要折算成具有等价发热量的木材，用以表示火灾负荷量。现代建筑要求火灾负荷量平均每 $1m^2$ 的木材的用量不宜多于 $0.03m^3$。在文物古建筑中，大体上每 $1m^2$ 含有木材为 $1m^3$（包括其他可燃物折合木材的用量），而现代建筑中每 $1m^2$ 使用的木材不超过 20kg。以每 $1m^3$ 木材质量为 630kg 计算，古建筑的火灾荷载要比现代建筑高出 30 倍。

2) 构成古建筑的木材极易燃烧，火灾危险性大。木材内的有机物含量高达99％以上，这些成分都是可燃物。这些可燃物燃烧后产生的挥发物继续燃烧又产生其他可燃物，致使燃烧恶性循环。木材的燃点在200～300℃，比木炭、焦炭还容易起火。同时文物古建筑材料又多用油脂含量高的柏木、松木、樟木等木材建造，且其表层涂有大量的涂料，极易燃烧。火灾的危险性比一般木材大。新进仓库的木材含水量一般稳定在60％左右，经过长期自然干燥形成干燥的"气干材"，含水量一般稳定在12％～18％，古建筑中的木材，经过多年的干燥，成了"全干材"，含水量大大低于"气干材"，因此极易燃烧，在干燥的季节甚至遇到火星就会起火。

3) 古建筑内部存在很多易燃材料。古人有着悠久的漆器文化和艺术天分，古建筑内外的梁柱多用涂料装饰或保护建筑材料绘制，更有屏风、挂画、垂帘。但涂料等装饰材料易燃，这些装饰材料会导致整座建筑物着火。同时，古建筑内的装饰品如悬挂的绸缎、字画、匾额及供奉的鞭炮、香烛和纸张等都是可燃、易燃物，这也大大增加了古建筑的火灾荷载。火灾一旦发生，室内悬挂的装饰品更成为火势蔓延的导火索，使大火迅速向空中扩展。古代木结构建筑所使用的木材在经过数百年风干之后，燃点逐渐降低，同时，木材的表面开裂，木质疏松，这些因素使古建筑一旦遇到火源，便会迅速起火。由此可见，文物古建筑火灾危险性很大。

4) 建筑结构空间布局易于火灾蔓延。木材燃烧和蔓延的速度还与木材表面积与体积的比呈递增关系。古建筑中的梁、天花、藻井、斗拱、门窗等往往形状复杂，构件交错叠落，大大增加了材料的受热面积，特别容易燃烧且火势蔓延速度极快。

1.3.3 平面布局危险性

建筑大多数建造在远离城市的高山深谷之中，融于所处的地理环境，或在崇山峻岭，或在深潭碧水之间，随势而建、院落交错。远离城市的古建筑一旦遭遇火灾，消防资源难以及时到达或难以进场扑救，即使有些建筑邻近城镇，由于传统的古建格局又难以满足消防的基本要求，只能进行自救。例如，我们分别选取位于城市中心的西安市高家大院和远离市区的韩城市党家村古民居群，从地理环境及建筑布局详细分析其消防预警的难度。

位于陕西省西安市繁华回民街的高家大院内有房屋86间，对外开放56间，属三院四进式砖木结构四合院。在高家大院西北约250m处为莲湖区政府，约340m处为西安市消防队。建筑位于回民街繁华地段，商业运作供游客参观。回民街是西安乃至全国有名的美食街，沿路商贩游客众多，商贩摊位绝大部分为炉灶明火，易燃物较多。高家大院主门较窄且临街道，院内有餐饮、民俗演出等一系列活动。由图1-32可知，三院四进式四合院院落交错相叠，间距狭窄，相对封闭。一旦院内某一处起火，可在较短时间内迅速蔓延开来。虽距离西安消防队较近，一旦该处发生火灾险情，由于要对周围大量群众进行疏散撤离，需要耗费一定时间，消防车辆难以通过主门进入。若院落深处出现火灾险情，由于院内房屋交错，门厅众多，消防管线难以有效地穿插进入，须起吊进行高空作业，但高空作业难以对室内明火产生明显效果，因此会对院落的保护造成较大难度。

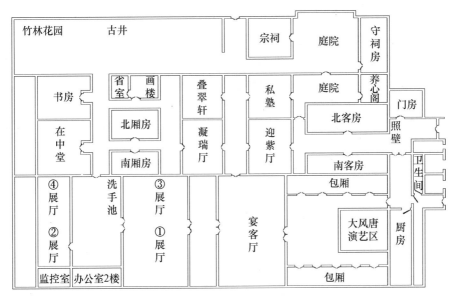

图 1-32　陕西省西安市高家大院

1.3.4　旅游开发带来的火灾危险性

古建筑不仅是建筑、考古和历史研究的对象，也是重要的旅游资源。随着我国人均收入的稳步提高和休假制度的改革，旅游已成为人们假期休闲娱乐的首选。山西省是文物大省，旅游资源特别丰富，宋金时期以前的地面古建筑占全国总数的70%以上。近年来，各级政府充分认识到旅游开发对经济增长的刺激和影响，大力发展旅游业，特别是一些地上文物资源较丰富的县市，旅游业已经取代传统产业成为支柱产业。古建筑绝大多数是木结构建筑，遇火极易燃烧并形成"火烧连营"的态势。因此，在发展旅游业的同时，加强古建筑消防安全工作，是保护珍贵历史文化遗产的一项紧迫而又重要的长期任务。

多数古建筑旅游管理单位为了降低成本、节约开支，只设置一个检票口，既是出口也是入口。同时，为了方便检票，疏导人流，检票口都设置了铁栏杆或计票器等设施。这些设施不仅阻挡了消防车进入古建筑，同时又严重影响了人员疏散。特别是在一些重大节日，游客数量激增，一旦发生火灾，大量游客将拥堵在狭小的出口处，极有可能引发群死群伤的恶性火灾事故。

古建筑对游客开放后，每天要接待大量形形色色的游客，如乔家大院每天接待上万人次。这些人心理素质各异，给消防安全管理带来很大难度。如果个别游客携带火源吸烟、玩火甚至纵火，如不能被及时发现，有可能使古建筑遭受灭顶之灾。

为了扩大旅游景点规模，提高服务质量，一些单位违规在重点文物保护单位内兴建仿古建筑，在周边地区建饭店、旅馆、商铺等服务性建筑和娱乐设施。这些建筑在建设期间大量用火用电，建成后的消防防范等级又相对较低，一旦发生火灾，则"城门失火、殃及池鱼"，对古建筑消防安全形成巨大威胁。

1.3.5　火灾扑救的困难性

木结构古建筑建造特点及地理位置等客观因素，给火灾扑救增加了难度。木结构古建筑大多建造在高山深谷等偏僻地点，个别建造在建筑物密集、巷长路窄的地方，加之消防水源缺乏、消防车通道不畅、防火间距不足等问题，导致火灾难以扑救。

古建筑的建造受当时诸多局限性的影响，建筑物之间不符合现代防火要求，有些建筑物紧密相连，院套院，门连门，台阶遍布，高低错落，无防火分隔区，更没有消防通道，造成了火灾荷载大、极易燃烧、没有防火分隔。

古建筑的屋顶构造造成灭火困难。古建筑的顶棚、斗拱等构件形式复杂，灭火时由于这些构件的阻挡，射流很难击中顶部火点，为扑救古建筑火灾增加了难度；同时，因古建筑的屋顶上盖琉璃瓦或陶瓦，瓦面光滑，瓦下铺一层灰泥，瓦管里不存水，防水防潮效果很好，但发生火灾时，打上去的水会流下来，达不到灭火的目的。

1.3.6 古建筑防雷困难

中国传统建筑往往依山就势，常常位于山脊或山坡之上，而这些地方往往是易遭雷击之处，若建筑防雷稍有疏忽，就可能成为雷击对象。

在古建筑安全问题上比较突出的表现形式就是雷击引发的火灾。古建筑结构类型、使用性质及所建地理环境与一般建筑物不同，容易遭受雷击。至今大多数古建筑物未设避雷保护设施。虽然 1982 年 11 月 19 日《中华人民共和国文物保护法》颁布后，全国部分省、市开始根据古建筑物的重要性陆续补设防雷装置，但据统计，目前大约有三分之二的古建筑物未设防雷装置，而且有的防雷设施未达到防雷技术标准。部分通过修建、改建、扩建的古建筑物及较高的宝塔类型建筑物虽安装了防雷装置，但实际检测发现，防雷装置存在缺陷。

1.3.7 管理保护薄弱

虽然已有分析文物保护法律的论文，但针对古建筑保护的法律文件较少，同时未能全面反映最近几年来古建筑法律保护的新变化。因此，下面采用案例分析等方式在已有成果上结合最新的实践进展进行分析，论证如何对古建筑保护进行更完善的法律保护。

从 20 世纪 50 年代起，我国在文物普查后陆续出台了一些保护性政策文件，从文本上看，一个文物保护法律伞状体系已经初步形成，但大量的立法中也存在很多技术缺陷或不足。特别是针对古建筑（不可移动文物）保护而言，存在一些问题需要进一步分析和讨论。文物古建筑的保护主要参照文物保护法、文物保护法实施条例、历史文化名城名镇名村保护条例、文物古迹保护准则等，而没有一套较为完整的保护标准。一些地区存在针对古建筑保护的专项立法，但由于种种原因，它们多以政府办法、规定等形式颁布，法律位阶相对较低，内容也往往较为滞后，难以应对国家建设和发展中出现的新挑战。我国法律上对古建筑保护还没有明确的概念界定，且古建筑的含义往往与不可移动文物、历史文化名城、风景区等概念重叠，概念的模糊增加了法律对古建筑进行保护的难度。具体来说，如果单纯以历史价值、科学价值作为衡量的标准，目前仍具有保护价值的古建筑却时常因为不在认证范围内而得不到保护。

对古建筑保护的管理机构过多也造成了实际操作中的混乱和低效。根据各类法规和章程，除文物部门以外，还有海关、城乡建设规划部门、公安机关、宗教管理部等不少于 20 个潜在的"主管部门"使用和管理一个古建筑。保护主体过多很可能造成具体分工不合理、对单一古建筑保护客体的协作得不到筹划安排等情况，进而导致管理工作的拖沓与推诿。这样不仅行动效率不高，而且可能因为行动滞后导致无法保护古建筑。

1.4 古建筑保护现状及发展趋势

相比现代建筑，国内外对古建筑群火灾风险评估的相关研究和应用案例较少。从国外研究现状来看，西方国家的古建筑群遗产在建筑结构和构造用材等方面与我国古建筑群遗产的差异较为明显，但是在古建筑群的消防安全保护工作中，火灾风险分析理论及方法具有相通性，我国学者可选择性地学习和借鉴西方发达国家在古建筑群消防管理方面的先进理念、方法及研究成果。从国内研究现状来看，近年来，由于国民经济的迅速增长，人们对国内古建筑群的旅游热情不断攀升，因此，国家和地方的相关部门对古建筑群的消防安全保护工作不断深入，研究内容也不断细化，为防止建筑群内火灾的发生，可持续地保护古建筑群，国内关于古建筑群火灾风险评估和管理的重视程度也在持续提高。

1.4.1 国内古建筑保护现状

我国目前有 125 座历史文化名城、252 个历史文化名镇、276 个历史文化名村、3744 个古村落，且多为木结构或砖木结构的古建筑，耐火等级低，在消防安全方面面临重大压力，为此，国家文物局于 2014 年启动了"文物建筑消防安全百项工程"。据《中国消防年鉴》统计，2003—2013 年这 10 年间共发生 417 起古建筑火灾，烧毁建筑面积 37526m²，近几年古建筑火灾更加频发，造成的损失非常严重。2015 年 7 月，国家文物局、公安部联合印发了《文物建筑消防安全管理十项规定》，要求文物建筑单位落实消防安全责任，严格管理措施，确保消防安全。目前我国已颁布实施的消防技术相关国家标准和行业标准已有 250 余个，但还没有专门针对我国古建筑消防设计的国家规范。我国古建筑分布广泛，形式多样，环境和结构的差异性加大了消防保护的难度，因此国家和各地方政府已加大古建筑消防投资，引进先进的消防产品和技术，针对不同的古建筑采取个性化的消防设计方案。

文物、古建筑蕴含的文化传承，以及所承载的古人的智慧与技艺，是无法用经济损失多寡来衡量的。每一件文物、每一座古建都有它无可替代、独一无二的价值。近年来，古城、古镇、古村落的旅游开发如火如荼，急功近利的古城改扩建和电路改造，极易让原本就严重老化的电线负荷剧增，造成线路短路，引发火灾。

旅游、商业开发造成新旧建筑毗连，没有分区，没有防火墙，建筑高度密集，是古建火灾损失惨重的一大原因。每一起火灾背后都有商业化的印记。据资料记载，古城房屋中间有必要的"隔火带"，且房屋的间距也比较宽敞，不可能出现"连片失火"的情况。古人在建造木质结构的住房时，肯定考虑了隔火带，而现在的人因为地价贵，所以建造的房子间距越来越窄。除此之外，古镇大多道路狭窄，小巷蜿蜒曲折，因此大型消防车无法进入。在近年频繁发生的古建火灾事件中，很大一部分都发生于经过商业开发的古建筑，过度的商业开发使古城中古建的原有防灾功能基本瓦解。

1.4.2 国外古建筑保护现状

1. 日本的古建筑保护

日本古建筑泛指 1868 年日本明治维新以前的建筑，包括各类佛寺、神社、日本园林、茶室及早期住宅等，主要集中在京都、奈良等地。由于日本古建筑多为木结构和石木结构，且多为茅草屋顶或树皮屋顶，因此火灾是对古建筑破坏性最大的因素，也是历来日本古建筑保护的重中之重。位于栃木县日光市的东照宫建于 1617 年，是供奉江户幕府的开府将军德川家康的神社，1999 年被列入世界文化遗产名录。东照宫在历史上也曾不断与火灾"对抗"，1961 年的一场大火令殿内天花板上珍贵的彩绘化为乌有，其珍宝馆也毁于火灾。日本文化遗产防火理念主要包括预防、早期发现和初期灭火三方面。

对文化遗产消防工作，日本全社会相当重视，很多相关立法和措施也是在经历多场火灾后才逐步制定和完善的，几十年前发生在日本古都奈良法隆寺的大火可谓最早敲响了日本古建保护的警钟。

法隆寺是世界上古老的木建筑，寺内日本白凤时代（7 世纪末 8 世纪初）绘制的 12 面国宝级金堂佛教壁画在 1949 年 1 月 26 日的一场大火中毁于一旦。法隆寺大火事件震动了日本朝野。火灾后，日本政府立即通过立法等手段强化文化遗产防灾措施，并于次年颁布了日本首部有关文化遗产保护的综合性法律——《文化遗产保护法》。从 1955 年开始，日本还将 1 月 26 日这一天定为全国文化遗产防火日。此外，日本的《消防法》《消防法实施令》等法律法规也格外注重对文化遗产的保护，明确细化古建筑必须配备相应的消防设施。

2. 欧美的古建筑保护

"原真、整体、再生"是不少西方国家对古建筑保护所持有的理念。古建筑保护措施合理与否，对古建筑的安全与价值至关重要。文物不能再生，在保护措施上的任何一点疏忽，造成的后果往往是不可挽回的。

古建筑的管理涉及诸多部门，为了能全面系统地保护古建筑，有些国家设置了专门机构，负责古建筑的日常管理及修复。法国是世界闻名的旅游国家，美丽宜人的风光和闻名遐迩的名胜古迹是吸引游客的主要原因。法国有着丰富的文化遗产，其中一个重要组成部分是古建筑，现列入国家级历史性建筑的有 28 万座，包括闻名遐迩的卢浮宫、凡尔赛宫、枫丹白露等。法国由专业部门——文化遗产司和国家宫殿处负责对这些具有历史价值的古建筑进行保护工作。

英国古建筑的保护和管理工作由英国国家遗产局信托公司承担。该信托公司对其管理的 260 多座重点古建筑开展了一项大型危险管理计划。这项计划的内容包括查找和消除火灾隐患，提出建筑防火措施、制订应急计划、分析火灾报告等工作。

墨西哥是个具有悠久历史的文明古国。在墨西哥，国家人类学和历史局是国家负责文物保护工作的最高也是唯一领导和管理机关。它主要有四大职能：对文物的保护、研究、传播和培养专业人员。除下属的文物保护、研究机构，它还直接管理全国 172 处已经开放的文物考古区、110 家博物馆、1 家出版社及 2 所文物保护专业学校。这个机关向全国 32 个州级行政单位派驻代表，领导和管理地方的文物保护工作。

保护并不意味封存，发展并不代表摒弃过往。对古建筑，尽一切努力保持原貌，是为了留住历史的影子；有限制地发展利用，是为了在保存历史意义的同时，赋予其新的生命。无论哪种方式，只要能保护古建筑使其免遭破坏和损毁，就是我们要做的。

1.4.3 古建筑防火保护的发展趋势

1. 加强对古建筑内文物的消防保护，提高古建筑的耐火特性

木结构古建筑的耐火等级低是引发火灾的重要原因之一，通过涂刷防火涂料的方法对可燃木结构进行阻燃处理，是我国古建筑消防保护中历史最悠久、运用最广泛的一种技术措施。如元代著名农学家王祯就在《农书》中提出"火得木而生，得水而熄，至土而尽"，并研发出以砖屑、高岭土、桐油、枯荠碳、石灰及糯米胶等材料制成的简易防火阻燃材料。如今，我们对古建筑进行阻燃处理时，要确保防火涂料不影响古建筑原本的外貌特征。常用的阻燃产品有溶剂饰面型防火涂料和水基防火阻燃液，对古建筑中原有的木结构首先进行阻燃液浸渍处理，待其干燥后在木材表面进行防火涂料涂刷。此外，由于古建筑中存在大量的珍贵文物，为避免火灾发生及消防救火时文物受损，还应针对不同的文物类型采取不同的消防保护措施。

2. 保证充足的消防用水

水是最好的灭火剂，每燃烧 1kg 木材，需要消耗 2kg 的水才能阻止燃烧，也就是说灭火用水的消耗量是燃烧物的 2 倍，由此可见，古建筑发生火灾时，充足的消防水源是保证扑救成功的基本条件。我国古代的建筑保护中就十分重视消防水源的建设，如北京故宫的金水河通过河水引入消防水源，而且故宫内有 80 余口水井，建筑周围均安置了"太平缸"储备消防水。如今，我们在选择消防水源时，应首先借鉴古代传统经验，结合古建筑的地理位置灵活布置，如在河流、小溪等天然水源旁修建消防设施。

根据《中华人民共和国消防法》的规定，国家级文物保护单位必须建立消防站，而在重要古建筑群周边设置消防站时应遵循"因地制宜、小型适用"的原则，采用仿古建筑与古建筑群相协调。消防站配置的消防车辆应与消防通道相适应，选择尺寸小、机动性强的消防设施，如目前国内外技术成熟的小型消防产品（小型消防车、消防摩托车等），适合在崎岖、狭窄和坡道上行驶，具有出勤快、受消防通道影响小的优点，十分适合古建筑群的火灾救援。此外更要因地制宜地解决消防通道不畅问题，充分利用古建筑群外部道路及场地，合理组织内部通道，根据各类消防车辆尺寸及转弯半径，为每栋建筑选择最合理的消防通道（宽度可以小于 4m），如地形复杂的古建筑群有时可以利用高差为救援提供有利条件，尽量组织消防回路，注重人员疏散流线设计，保证消防人员顺畅地消防扑救。此外，对坐落于远郊野外和偏远深山中的古建筑，应及时将古建筑周围 30m 以内的杂草、干树枝等可燃物清除干净，防止森林发生火灾时危及古建筑。

3. 合理改造电气线路

在古建筑内安装电气设备和电气线路时，通常根据古建筑不同等级按法定程序上报审批获准后方可实施。照明灯具应使用 60W 以下的白炽灯泡，严禁使用日光灯、水银灯等发热量大的照明工具。可以尝试将冷光源的 LED 灯等，应用在古建筑照明系统中。冷光源灯寿命长，灯光柔和，可降低照明发热引发火灾的可能性。敷设电气线路、安装机电设备、开关、插座时要与木质构件保持一定距离。对木结构古建筑，可在月梁和斗拱之下，在原有柱子旁边新建薄壁空心钢柱（涂刷与原木柱子颜色相近的防火漆）作为支撑，将所有电线全部从空心钢柱和钢架内穿过，不与木结构接触，避免电线起火的危险。对老化电路要及时更换，采用铜芯绝缘导线，并用金属穿管敷设。增加断路器、漏电保护器、低压熔断器等安全保护装置，平时应由专人对古建筑用电进行检查和维护。对古建筑周边地区随意搭设的各种管线进行整治，建议将其埋入地下或采用简易综合管廊的方式，这样不但可以解决古建筑的火灾隐患，还可以更好地保护古建筑的空间原貌。

4. 火灾探测报警技术

我国古建筑内大多空间宽敞、单层净高较高、通风效果好，而常规的火灾探测器的探测范围只有 5～6m，若火灾发生在地面，烟要达到一定高度和使探测器报警的浓度需要较长的反应时间，很容易延误最佳灭火时机，再加上部分古建筑内游客众多，室内的动静状态也会影响探测器对火灾的探测。同时，常规探测器往往被密集地安装在屋顶或大梁下，影响古建筑的原始风貌，因而需要一种新型火灾探测报警技术，它既可以及时准确地探测火灾，又能在安装设备时不破坏古建筑的空间特色。针对以上古建筑对火灾探测器的特殊要求，从安全、美观、安装方便的角度分析可知，我国古建筑可用的最佳防火探测器有分布式智能图像烟雾火焰探测器和线形光束感烟火灾探测器。线形光束感烟火灾探测器探测范围最远可达 100m，发光器和收光部分之间无信号传输线路，既降低了电气线路火灾隐患，又保护了古建筑的原始风貌。分布式智能图像烟雾火焰探测器探测范围最远可达 150m，配有红外光源，可以全天候进行火灾探测，只要有烟雾、火灾出现的图像就会报警，而且对运动物体、光源、水蒸气等有很强的抗干扰能力，大大提高了火灾预警的准确性和全面性。

5. 灭火系统

国家级文物保护单位的重点砖木或木结构的古建筑，宜设置室内消火栓。《自动喷水灭火系统设计规范》（GB 50084—2017）将文化遗产建筑列为中危险级Ⅰ级场所，但是，在古建筑中设置室内消火栓、自动喷水灭火系统甚至细水雾灭火系统等设备，会产生相关消防设备施工和管线设置等诸多问题，对古建筑的原有空间风貌影响较大。因此，如何合理地为古建筑配置消防灭火设施，完善古建筑的消防系统是古建筑防火保护的重要环节。

在为古建筑安装自动喷水灭火系统时，为不破坏古建筑的整体结构，宜采用干式系统，安装在古建筑的屋顶四周和内部。细水雾灭火系统是自动灭火系统的一种，通过粒径极小的雾滴，产生很强的汽化降温作用和隔氧窒息作用，从而达到灭火效率高又对环境无污染的目的，同时还对火场内的烟气具有显著的洗涤与冲刷作用，提高火场的能见度，有利于人员的安全疏散和消防人员的灭火救援，很适合古建筑的消防保护。对古建筑内存放忌水的文物（如泥塑、壁画等），在不破坏文物风貌的前提下，可设置气体灭火系统，喷头出口射流与文物距离不应小于 5m，如原存放佛顶骨舍利的栖霞寺藏经楼就增设了气体灭火系统。

6. 古建筑性能化防火

虽然在以往的古建筑消防保护实践中，受《中华人民共和国消防法》《中华人民共和国文物保护法》和《古建筑消防管理规则》等相关法律法规的严格限制，在古建筑保护和保障消防安全的利弊权衡中，往往一边倒地强调消防安全的保障，但是，新时期古建消防安全的保护要求我们既要保持古建筑的历史特征又能够提供合理水平的生命保障和财产保护并尽可能地不影响其正常使用，因而在此过程中以性能为基础的消防安全设计脱颖而出。如美国在《古建筑消防规范》中引入性能化方法，先设定一个火灾场景进行检测和评估，以衡量所采取的措施是否达到了预定的目标，若未能达到预定目标，则设计者必须改变设计以确保最终达到目标。性能消防设计过程包括 7 个基本步骤，结合古建筑的实际情况，其性能化防火设计流程见图 1-33。

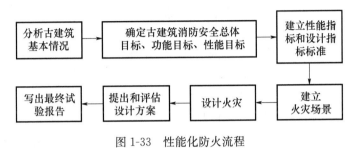

图 1-33　性能化防火流程

2 古建筑木结构骨架抗火性能分析

2.1 概述

木结构是我国古建筑中广泛应用的一种传统结构形式，在我国的建筑历史中具有举足轻重的地位。

木材是我国木结构建筑的主要建筑用材，属于易燃性材料，遇明火时极易引燃，而燃烧的木材会产生大量的热量，并释放具有高温的烟雾，使整个木结构建筑笼罩在高温环境中，从而加速了火灾对木结构建筑的破坏，最终导致整个木结构建筑丧失整体稳定性，发生坍塌破坏，因此火灾也就成为木结构建筑的主要隐患和威胁。

我国木结构建筑中有相当大部分属于古建筑，有许多被列入世界文化遗产名录和自然文化遗产名录，也有很多被列为全国重点文物保护单位和省级文物保护单位。这些古代木结构建筑具有重要的历史价值、艺术价值及不可再生性，一旦发生火灾，将造成不可弥补的损失。近年来，因火灾给传统古建筑造成巨大损失的事件在我国时有发生，表 2-1 列出了近十年传统木结构建筑发生火灾的事例，木结构建筑火灾事件频频发生，已经对这些不可再生的建筑构成直接而严重的威胁。因此，从防灾减灾的角度对木结构进行抗火性能研究已经成为当前科研工作者的一个重要研究课题。

表 2-1 传统木结构建筑火灾事例

建筑名称	修建年代	建筑位置	火灾发生时间	破坏情况
独克宗古城	唐	云南香格里拉市	2014 年 1 月	242 栋房屋被烧毁
千年古刹圆智寺	唐（贞观年）	山西晋中太谷县	2014 年 3 月	千佛殿屋顶被烧毁
前童古镇	南宋（绍定六年）	浙江宁海县	2014 年 10 月	几十间房屋被烧毁
久仰乡久吉苗寨	清	贵州剑河县	2014 年 12 月	286 间房被烧毁
南诏镇拱辰楼	明（洪武年）	云南大理巍山县	2015 年 1 月	木构部分基本被烧毁
奇口村"一本堂"	明	安徽祁门县	2015 年 12 月	祠堂大部分被烧毁
凤凰古镇	唐（武德七年）	陕西柞水县	2016 年 5 月	6 间古建筑被烧毁
高峰山道观	初唐	四川蓬溪县	2017 年 5 月	部分被烧毁
九龙镇灵官楼	明（崇祯年）	四川绵竹市	2017 年 12 月	木塔全部被烧毁

由于当前我国对火灾下木结构建筑的安全研究工作主要集中于建筑防火与有效防火措施应用的方面，而对防灾减灾方面的木结构抗火性能的研究相对较少，对耐火能力的研究，大多从建筑防火角度进行火灾下整尺模型和未受力构件的耐火能力研究，并以其烧断、烧穿、隔热效果作为耐火分析的依据，而实际火灾中的结构既受到火灾的作用，

又受到外荷载的作用，因此，从防灾减灾的角度进行火灾中受力结构的耐火性能研究是有必要的。

2.2 古建筑木结构特点

我国传统木结构建筑主要为木构架结构，其木构架主要有抬梁式（又称"叠梁式"）、穿斗式、井干式三种不同的结构方式。这种结构主要由木柱、木梁、木檩通过榫卯连接的方式构成富有弹性的木框架，并由该木构架承担建筑物的自重，以及抵御各种外荷载，而墙为非结构构件，且无论该墙是土墙、石墙、木墙还是砖墙，均只起到隔绝的作用，因此在我国古代一直有"墙倒屋不倒"的说法。

1. 抬梁式木构架

抬梁式木构架的建造主要是先在地面台基上立木柱，随后沿房屋进深方向的木柱上布置木梁，在木梁上布置瓜柱，再在瓜柱上布置短梁，依此重复布置若干层，最后在最上层的短梁布置脊瓜柱，这就构成一组木构架。这种结构方式在春秋时期已初步形成，并在历朝历代得到发展与完善。这样的一组木构架只是进深方向的平面结构体系，还不是一个完整的空间结构体系。因而需要在相邻的两组木构架之间布置水平连系构件"枋"，这种木构架间的枋是垂直于木构架平面方向的（本处主要指的是脊枋、金枋、檐枋），再在各层梁的端部和脊瓜柱顶布置垂直于构架方向的檩，最后在垂直于檩的方向布置椽，这样就形成完整、稳定的空间木构架。

抬梁式木构架的特点：木构件的截面尺寸较大，且用材量大，适用性不强，但是其可以建造规模宏大的木构架结构，且建筑内部空间宽阔，因此常被用作宫殿、庙宇等豪华建筑的结构形式。

2. 穿斗式木构架

穿斗式木构架是沿着进深的方向在台基上立柱，沿横向在柱间设置贯穿柱身的枋（简称"穿枋"），形成一组构架，再沿纵向在每组构架间布置斗枋和纤子，而纤子连系内柱，再在每组构架的各柱顶沿纵向布置檩，最后在屋顶坡面沿横向布置垂直于檩的椽，这样就形成一个完整的空间木构架。该种结构方式至汉代已相当成熟。按照房屋的大小，穿斗式木构架还可以采用"三檩三柱一穿""五檩五柱二穿"等不同的建造形式。有些穿斗式木构架采用瓜柱的混合建造方法，即使木枋穿过瓜柱，并使瓜柱的下端完全落于下一层木枋上，有的也常将瓜柱下端落于最下层木枋上。

穿斗式木构架的特点：室内空间不开阔，采光性不好，但是其整体刚度较大，抗侧性较好，具有较好的抗震能力；构件截面尺寸小，用材量小，建造简易，适用性广，因此常被作为我国民居建筑的结构形式。

3. 井干式木构架

井干式木构架结构在我国应用相对较早，最早可追溯于商代。这种木构架结构是一种不需要立柱和架梁的结构，其主要是用天然圆木或者方形、六边形的断面木料从地面平行向上逐层累叠，并在转角处将相邻壁面的木料进行交错咬合堆叠，构成房屋的壁体。

井干式木构架的特点：用材量大，结构比较脆弱，没有良好的整体性，但是其建造简易，且工程量相对较小。

2.3 常温下古木材的力学性能

2.3.1 材性变化规律

木材一般可分为针叶树材和阔叶树材两种。针叶树材主要由管胞、木薄壁组织、木射线及树胶道组成，其中管胞、木薄壁组织和轴向树胶道为轴向排列，木射线和径向树胶道为径向排列；阔叶树材主要由管胞、导管、木射线、木纤维、木薄壁组织及树胶道组成，其中管胞、导管、木纤维、木薄壁组织和轴向树胶道为轴向排列；木射线和径向树胶道为径向排列。正是这种不同的排列方式使木材的物理力学性质表现出明显的各向异性。

由于我国传统木结构建筑修建年代较为久远，一般都经历上百年时间，已经远超于建筑自身的服役年限，在超长服役期间遭遇各种外部因素的侵蚀、地震灾害及荷载的长期作用下蠕变的影响，古木材的性能较新木材出现较大的差异。这些差异主要表现为：

（1）纤维素分解，强度降低，材料脆性突出；

（2）干缩性小，尺寸稳定性好；

（3）某些化学成分含量下降，抽提物增多；

（4）不同年代的不同树种，材性变化幅度不同，但趋势一致。

针对古木材材性变化的这一特点，相关文献中给出了特定古建筑木材材性试验的物理力学指标变化的试验数据，其试验数据结果列于表2-2。该数据结果表明，古木材的材性存在变化的特点，其中古木材的顺纹抗压强度有相对较小的降低；其顺纹径向、弦向顺剪强度却略有增加；其硬度也略有增加；其余指标的变化幅度有较大差异。同时，古木材材性的这种变化也受环境条件的影响，不同环境条件下同种树材的材性变化差异较大，相同环境下不同树种的材性变化差异也较大。总之，古木材的材性变化差异性虽较大，但其变化的趋势大致一致。

表2-2 古木材物理力学指标变化率

建筑名称	树种（年）	顺压强度	横压强度		顺剪强度		顺拉强度	抗弯强度	冲击韧性	硬度
			径向	弦向	径向	弦向				
应县木塔	落叶松（920）	81%↓	45%↓	19%↓	5%↑	10%↑	50%↓	85%↓	—	15%↑
景清门	杨木（600）	26%↑	88%↓	87%↓	10%↑	48%↑	42%↓	—	57%↓	66%↓
曲阳北岳庙	云杉（600）	78%↓						59%↓	94%↓	
昌陵大牌楼	柏木（200）	85%↓						69%↓	82%↓	

注："↑"表示增加，"↓"表示降低。

古木材的材性变化与其综纤维素、α-纤维素、提取物及某些化学成分的变化密切相关，一般认为综纤维素和 α-纤维素的降解会导致古木材的强度出现降低的趋势，同时提取物的增多和某些化学成分的减少也对古木材的强度产生一定影响。

2.3.2 力学性能

古木材的常温力学性能参数的获取均应遵循相应的标准操作与流程，又由于测定试样一般为无瑕疵的标准试样，而实际结构处于复杂的环境条件中，故其测定值要大于实际容许值，因此测定的指标参数应考虑不利因素的折减。对此，木材各项物理力学性能参数的测定方法如下：

《木材物理力学试材锯解及试样截取方法》（GB/T 1929—2009）；

《木材含水率测定方法》（GB/T 1931—2009）；

《木材密度测定方法》（GB/T 1933—2009）；

《木材顺纹抗压强度试验方法》（GB/T 1935—2009）；

《木材顺纹抗拉强度试验方法》（GB/T 1938—2009）；

《木材顺纹抗剪强度试验方法》（GB/T 1937—2009）；

《木材横纹抗压试验方法》（GB/T 1939—2009）；

《木材抗弯强度试验方法》（GB/T 1936.1—2009）；

《木材顺纹抗压弹性模量测定方法》（GB/T 15777—2017）。

根据《木结构设计手册》，当缺乏试验数据时，可近似地将木材的静力弯曲弹性模量的数值提高 10% 作为顺纹弹性模量，且一般认为木材顺纹拉、压弹性模量基本相等。因此，藏青杨古木材各项物理性能参数见表 2-3。

表 2-3 藏青杨古木材各项物理性能参数

气干密度 （kg/m³）	抗弯弹量 （MPa）	抗弯强度 （MPa）	顺拉强度 （MPa）	顺压强度 （MPa）	顺纹弹模 （MPa）	泊松比
356	3760	18.86	18	16.5	4136	0.355

2.4 高温下古木材的材料性能

由于高温下古木材的材料性能并未有明确的规定，因此尚且认为古木材的高温材料性能与普通木材的高温材料性能相同。

2.4.1 高温下古木材的热工性能

1. 密度

木材是一种可再生的、环保型的传统天然材料，其主要成分是有机物（$C_3H_4O_2$），并且包含有随环境温度变化的水分。其中这些有机物在高温下易发生氧化分解，而水分在高温下也易蒸发，致使木材密度逐渐减小，因此分析高温中木结构的性能时，必须考虑高温对密度的影响。针对高温中木材密度变化的特点，Eurocode5 给出了相应的木材密度折减模型——温度-相对密度曲线（图 2-1），该模型表明：100℃之前，木材的密度基本保持不变；100～120℃之间，木材的密度会出现陡然下降，其主要是由于水分的蒸发；120～200℃之间，木材密度变化平稳；200～400℃之间，木材密度再次减小，其主要是由于木材炭化分解；400～800℃之间，木材密度变化相对平缓；800℃以后，木材密度逐渐降为零，其主要是由于炭化物出现消耗分解。

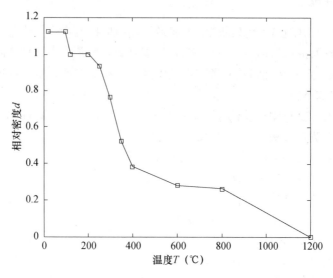

图 2-1　温度-相对密度曲线

2. 热传导率

诸多学者对木材的热传导率进行了研究，并得到了不同的研究结果。其中，Eurocode5 也给出了相应的木材热传导率随温度变化的曲线（图 2-2），该曲线表明：200℃之前，木材的热传导率随温度升高略有增加；200～350℃之间，木材的热传导率随温度升高略有降低，其主要由于炭化层的导热性能低于木材的导热性能；350℃以后，木材的热传导率出现大幅增加，其主要由于炭化层出现裂缝。

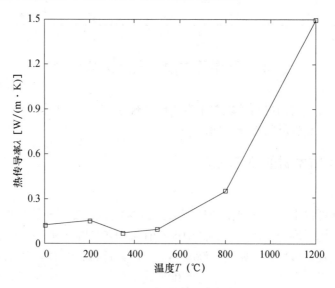

图 2-2　温度-热传导率曲线

3. 比热容

国外学者对比热容的研究比较早，且进行了大量的实验研究。Eurocode5 给出了木材比热容的变化规律——温度-比热容曲线（图 2-3），该曲线表明：当温度小于 100℃时，木材的比热容随温度升高而增大；100℃时，木材中的水分大量蒸发，带走大量的热量，此时比热容跳跃式增大；100～120℃之间，比热变化不大；120℃时，木材的比热容断崖式减小；120～300℃时，木材的比热容随温度升高而减小；温度高于 300℃时，比热容缓慢增加。

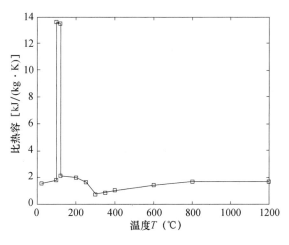

图 2-3 温度-比热容曲线

2.4.2 高温下木材的力学性能

1. 拉、压强度

诸多学者对木材高温下的拉、压强度进行了研究，且都得到了拉、压强度相似的变化规律，即木材的拉、压强度均在高温下呈降低的趋势。其中，Eurocode5 也给出了相应的双折线拉、压强度折减模型——温度-相对强度系数曲线，如图 2-4 所示。

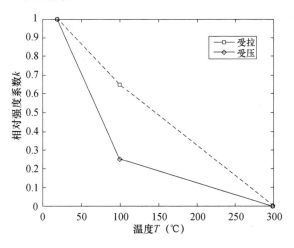

图 2-4 温度-相对强度系数曲线

2. 弹性模量

针对高温下木材的弹性模量，诸多学者展开了相应的研究，而部分学者认为木材含水率变化及其徐变会导致高温下木材的受压弹性模量降低，且高温下木材的拉、压弹性模量处于同一数量级。其中，Eurocode5 也给出了温度影响下的双折线弹性模量模型——温度-相对弹性模量系数曲线，如图2-5所示。

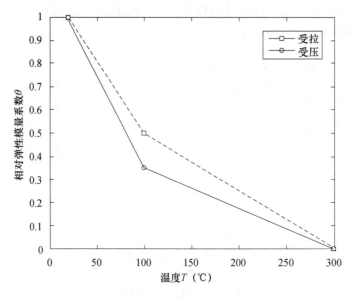

图2-5　温度-相对弹性模量系数曲线

2.4.3　木材的本构关系

木材属于各向异性材料，其在纵向、径向、弦向三个方向上表现出不同的物理力学特性。一般而言，木材在受拉和受剪时发生脆性破坏，而在受压时具有较强的塑性变形能力，且在顺纹受压时达到其受压强度之前会发生应变硬化，而在横纹受压时会发生二次硬化的现象。针对实际情况，这里仅假设木材受拉时发生脆性破坏，不考虑木材达到受拉强度后发生应变软化的现象，且在弹性阶段时木材的应力-应变关系呈线性变化。木材的本构关系如图2-6所示。

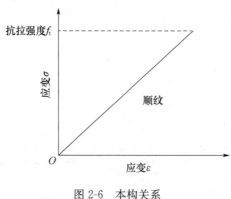

图2-6　本构关系

2.5 热传导基本原理

2.5.1 基本概念及热传导定律

不同温度相互接触的物体会发生由高温物体向低温物体的热量传递；如果同一物体中各点的温度不完全相同，热量则会由高温处向低温处传递，这种热量传递现象被称为热传导。

一般认为在发生热传导的物体内每一点的温度与空间位置和时间有关，即 $T=(x, y, z, t)$，而在任意时刻下，物体内全部各点的温度值的总体，称为温度场。

Fourier 热传导定律：在各向同性材料中，热流密度 q 与温度梯度 ∇T 成正比，而方向相反，即 $q=-\lambda\nabla T$，其分量形式为

$$q_x=-\lambda\frac{\partial T}{\partial x}, \quad q_y=-\lambda\frac{\partial T}{\partial y}, \quad q_z=-\lambda\frac{\partial T}{\partial z} \tag{2-1}$$

式中，λ 为导热系数，且为与温度无关的比率系数。

2.5.2 热传导方程

1. 通过区域 Ω 的边界 S 流入的热量 Q_1

根据热流密度 q 的定义可知，在单位时间内沿面微元 $\mathrm{d}S$ 外法线 n 方向流入的热量 $\mathrm{d}Q_1$ 为

$$\mathrm{d}Q_1 = q \cdot n\,\mathrm{d}S$$

故由区域 Ω 的边界 S 流入的热量 Q_1 为

$$Q_1 = \left(-\int_s q \cdot n\mathrm{d}S\right)\Delta t \tag{2-2}$$

根据散度定理，可得

$$Q_1 = \left(-\int_s q \cdot n\mathrm{d}S\right)\Delta t = \left(-\int_\Omega \mathrm{div}q\mathrm{d}\Omega\right)\Delta t = \left[-\int_\Omega\left(\frac{\partial q_x}{\partial x}+\frac{\partial q_y}{\partial y}+\frac{\partial q_z}{\partial z}\right)\mathrm{d}\Omega\right]\Delta t \tag{2-3}$$

2. 区域 Ω 内的热源产生的热量 Q_2

假设区域 Ω 内各点热源产生的热量为 $W(x, y, z, t)$，则区域 Ω 内所有热源产生的热量 Q_2 为

$$Q_2 = \left(\int_\Omega W\mathrm{d}\Omega\right)\Delta t \tag{2-4}$$

3. 温度升高所需的热量 Q_3

在 Δt 内区域 Ω 内各点温度升高所需的热量 Q_3 为

$$Q_3 = \int_\Omega c\rho\left[T(x,y,z,t+\Delta t)-T(x,y,z,t)\right]\mathrm{d}\Omega$$
$$= \int_\Omega c\rho\frac{\partial T}{\partial t}\Delta t\mathrm{d}\Omega \tag{2-5}$$
$$= \left(\int_\Omega c\rho\frac{\partial T}{\partial t}\mathrm{d}\Omega\right)\Delta t$$

根据区域 Ω 内的热平衡条件，有

$$\left[-\int_{\Omega}\left(\frac{\partial q_x}{\partial x}+\frac{\partial q_y}{\partial y}+\frac{\partial q_z}{\partial z}\right)\mathrm{d}\Omega\right]\Delta t+\left(\int_{\Omega}W\mathrm{d}\Omega\right)\Delta t=\left(\int_{\Omega}c\rho\frac{\partial T}{\partial t}\mathrm{d}\Omega\right)\Delta t \quad (2-6)$$

因此，可得

$$-\left(\frac{\partial q_x}{\partial x}+\frac{\partial q_y}{\partial y}+\frac{\partial q_z}{\partial z}\right)+W=c\rho\frac{\partial T}{\partial t} \quad (2-7)$$

根据 Fourier 热传导定律的分量式，可得热传导微分方程为

$$\frac{\partial T}{\partial t}-\frac{\lambda}{c\rho}\nabla^2 T=\frac{W}{c\rho} \quad (2-8)$$

2.5.3　初始条件与边界条件

对热传导微分方程的求解，需要确定该微分方程的边值条件，即初始条件和边界条件。初始条件即为在初始 $t=0$ 时刻物体的温度分布条件，而边界条件即为 $t>0$ 后物体边界面与周围介质间发生热交换的规律。其中，初始条件的表示形式为

$$T(x,y,z,t)\mid_{t=0}=T_0(x,y,z) \quad (2-9)$$

边界条件则有以下三类：

第一类边界条件：已知边界上的温度 T_S，即

$$T(x,y,z,t)\mid_S=T_S(x,y,z,t) \quad (2-10)$$

第二类边界条件：已知边界上的热流密度 q_{nS}，即

$$-\lambda\frac{\partial T}{\partial n}\Big|_S=q_{nS}(x,y,z,t) \quad (2-11)$$

式中，$\dfrac{\partial T}{\partial n}\Big|_S$ 为沿边界法向的温度方向导数，且以从表面流出的方向为正，反之则为负；q_{nS} 为法向热流密度。

第三类边界条件：已知与物体接触处的流体介质对流换热，即

$$-\lambda\frac{\partial T}{\partial n}\Big|_S=\beta(T_S-T_a) \quad (2-12)$$

式中，β 为散热系数；T_S 为物体表面温度（K）；T_a 为周围介质温度（K）。

2.6　木材热应力分析的基本原理

2.6.1　热弹性基本方程

热弹性基本方程包括平衡方程、几何方程及本构方程。由于平衡条件、应变位移几何关系与温度无关，故同等温情况一样。不考虑外荷载作用时，平衡方程为

$$\begin{cases}\dfrac{\partial \sigma_x}{\partial x}+\dfrac{\partial \tau_{yx}}{\partial y}+\dfrac{\partial \tau_{zx}}{\partial z}=0 \\[2mm] \dfrac{\partial \tau_{xy}}{\partial x}+\dfrac{\partial \sigma_y}{\partial y}+\dfrac{\partial \tau_{zy}}{\partial z}=0 \\[2mm] \dfrac{\partial \tau_{xz}}{\partial x}+\dfrac{\partial \tau_{yz}}{\partial y}+\dfrac{\partial \sigma_z}{\partial z}=0\end{cases} \quad (2-13)$$

其张量形式为

$$\sigma_{ij,i} = 0 \qquad (2\text{-}14)$$

几何方程为

$$\begin{cases} \varepsilon_x = \dfrac{\partial u_x}{\partial x}, & \gamma_{xy} = \dfrac{\partial u_x}{\partial y} + \dfrac{\partial u_y}{\partial x} \\[2mm] \varepsilon_y = \dfrac{\partial u_y}{\partial y}, & \gamma_{yz} = \dfrac{\partial u_y}{\partial z} + \dfrac{\partial u_z}{\partial y} \\[2mm] \varepsilon_z = \dfrac{\partial u_z}{\partial z}, & \gamma_{zx} = \dfrac{\partial u_z}{\partial x} + \dfrac{\partial u_x}{\partial z} \end{cases} \qquad (2\text{-}15)$$

其张量形式为

$$\varepsilon_{ij} = \frac{1}{2}(u_{i,j} + u_{j,i}) \qquad (2\text{-}16)$$

由于弹性体在热效应下可产生膨胀变形，致使弹性体的应变发生改变，故弹性体的本构方程不同于等温情况的本构方程。而通常情况下，将热效应下弹性体的应变看作两部分之和，一部分为由温度改变，物体内各点自由膨胀所引起的应变 $\varepsilon_{ij}^{(T)}$，另一部分为由弹性体内各部分之间相互约束所引起的应变 $\varepsilon_{ij}^{(S)}$，因此热效应下弹性体的应变为

$$\varepsilon_{ij} = \varepsilon_{ij}^{(S)} + \varepsilon_{ij}^{(T)} \qquad (2\text{-}17)$$

式中，自由收缩应变 $\varepsilon_{ij}^{(T)}$ 为各向同性，即同一点的各方向产生的伸长和压缩线应变相同，且无剪应变。

若温度改变为 ΔT，物体的热膨胀系数为 α，则自由收缩引起的应变为

$$\varepsilon_x^{(T)} = \varepsilon_y^{(T)} = \varepsilon_z^{(T)} = \alpha \Delta T, \quad \gamma_{xy}^{(T)} = \gamma_{yz}^{(T)} = \gamma_{zx}^{(T)} = 0 \qquad (2\text{-}18)$$

其张量形式为

$$\varepsilon_{ij}^{(T)} = \alpha \Delta T \delta_{ij} \qquad (2\text{-}19)$$

温度应力和应变 $\varepsilon_{ij}^{(S)}$ 之间服从广义 Hooke 定理，即

$$\begin{cases} \sigma_x = 2G\varepsilon_x^{(S)} + \lambda\varepsilon_v^{(S)}, & \tau_{xy} = G\gamma_{xy}^{(S)} \\[2mm] \sigma_y = 2G\varepsilon_y^{(S)} + \lambda\varepsilon_v^{(S)}, & \tau_{yz} = G\gamma_{yz}^{(S)} \\[2mm] \sigma_z = 2G\varepsilon_z^{(S)} + \lambda\varepsilon_v^{(S)}, & \tau_{zx} = G\gamma_{zx}^{(S)} \end{cases} \qquad (2\text{-}20)$$

其张量形式为

$$\sigma_{ij} = 2G\varepsilon_{ij}^{(S)} + \lambda\varepsilon_{kk}\delta_{ij} \qquad (2\text{-}21)$$

故热弹性本构方程为

$$\begin{cases} \sigma_x = 2G\varepsilon_x - \dfrac{\alpha E \Delta T}{1-2\nu} + \lambda\varepsilon_v, & \tau_{xy} = G\gamma_{xy} \\[3mm] \sigma_y = 2G\varepsilon_y - \dfrac{\alpha E \Delta T}{1-2\nu} + \lambda\varepsilon_v, & \tau_{yz} = G\gamma_{yz} \\[3mm] \sigma_z = 2G\varepsilon_z - \dfrac{\alpha E \Delta T}{1-2\nu} + \lambda\varepsilon_v, & \tau_{zx} = G\gamma_{zx} \end{cases} \qquad (2\text{-}22)$$

其张量形式为

$$\sigma_{ij} = 2G\varepsilon_{ij} - 2\alpha G \Delta T \delta_{ij} + \lambda\varepsilon_{kk}\delta_{ij} \qquad (2\text{-}23)$$

2.6.2 边界问题

弹性力学中的边界问题包含下列三种情况：

（1）力边界问题：已知在力边界 S_σ 上没有外荷载作用，即

$$\begin{cases} \sigma_x l+\tau_{yx} m+\tau_{zx} n=0 \\ \tau_{xy} l+\sigma_y m+\tau_{zy} n=0 \\ \tau_{xz} l+\tau_{yz} m+\sigma_z n=0 \end{cases} \qquad (2\text{-}24)$$

（2）位移边界问题：已知位移边界 S_u 上每点的位移约束 $\bar{u}_x$、$\bar{u}_y$、$\bar{u}_z$，即

$$u_x=\bar{u}_x, \ u_y=\bar{u}_y, \ u_z=\bar{u}_z \qquad (2\text{-}25)$$

（3）混合边界问题：已知一部分边界 S_σ 和一部分边界 S_u。

2.7　三面受火木梁的分析

2.7.1　算例 I

采用东南大学混凝土及预应力混凝土结构教育部重点实验室大型水平试验炉进行的三面受火木梁试验作为本处的分析实例。

1. 试验介绍

取该试验试件组中 N45 进行对比分析，试件尺寸为 100mm × 200mm × 4000mm，且该试件材料为新花旗松，其密度为 448kg/m³，含水率为 14.8%，受火时间为 45min。其试件测点布置如图 2-7 所示（本处选取其中 1 号、3 号测点作对比分析）。

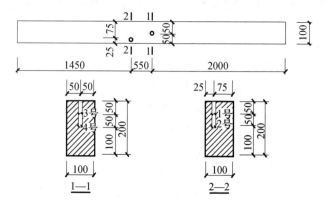

图 2-7　测点布置

2. 分析过程及基本条件

该有限元模型采用 heat transfer 模块进行传热分析，升温过程采用 ISO 834 标准升温曲线（图 2-8）来模拟实际熔炉升温加热过程。根据 Eurocode1 中的规定，该模型的受火面热对流换热系数取为 25W/（m²·K），综合辐射系数取为 0.8，且非受火面的热传导系数取为 9W/（m²·K）。

3. 有限元分析结果

利用有限元软件建立了 N45 试件的有限元模型（图 2-9），并模拟出受火时间 15min、30min、45min 时刻下木梁截面的温度云图（测点 1 号处截面），如图 2-10 所示。将测点 1 号、2 号的温度变化趋势的数值模拟值与试验实测值进行了对比，汇总出数值分析与试验的温度趋势对比图，如图 2-11 所示。

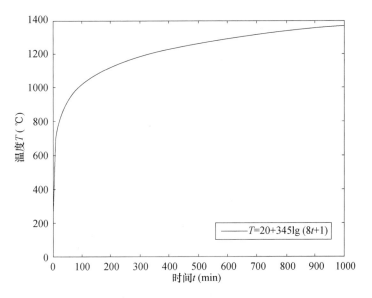

图 2-8 ISO 843 标准升温曲线

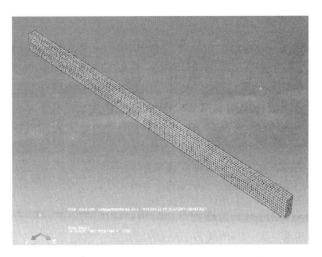

图 2-9 有限元模型

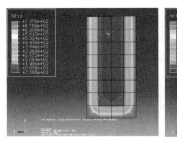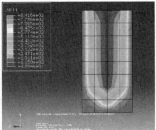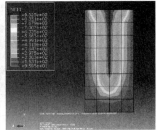

(a) 15min   (b) 30min   (c) 45min

图 2-10 木梁截面的温度云图

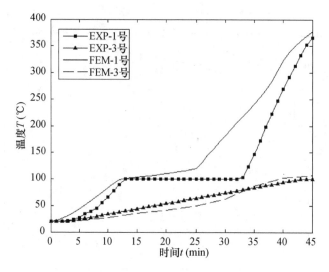

图 2-11　数值模拟值与实测值对比图

根据 Buchanan 的观点（木材在 300℃时发生炭化），可从图 2-10 得出：跨中截面下侧两棱角呈圆角状；随着与受火面距离的增加，截面的温度逐渐减小。

从图 2-11 的数据对比结果可看出，测点 1 号的数值模拟与实测温度变化趋势曲线均在 100℃出现温度平台，其主要是由于木材中的水分在 100℃出现蒸发而带走了大量热量所致，且测点 1 号的数值模拟的温度值比实测温度值偏高，可能的原因是试验实际布置的测点位置与方案的布置位置不一致，而实际布置的测点位置距离受火面略远。另外，测点 3 号的数值模拟曲线与实测值曲线吻合良好。

2.7.2　木材抗火试验对比分析

选取 Massimo Fragiacomo 等进行的新西兰辐射松的抗火试验作为对比分析实例。

1. 试验介绍

取 22%持荷比试件的抗火试验进行对比分析，该试件尺寸为 63mm×150mm×900mm，且中间 500mm 段为四面受火，其两端各 200mm 段均处于室温条件下。其中，新西兰辐射松的材料参数分别为：抗拉强度 36.6MPa、顺纹受拉弹性模量 10700MPa、泊松比 0.335。该试件的持荷水平为 75kN，含水率为 12%，其抗火试验的试验装置如图 2-12 所示。

图 2-12　试验装置

2. 分析方法及基本条件

该模型采用 ABAQUS/Standard 间接耦合分析方法，实际熔炉升温加热过程采用 ISO 834 国际标准升温曲线来模拟其受火过程。根据 Eurocode1 中的规定，该模型的受火面热对流换热系数取为 25W/（m²·K），综合辐射系数取为 0.8，且非受火面的热传导系数取为 9W/（m²·K）。

3. 有限元分析结果

利用 ABAQUS 建立了持荷水平 75kN 下四面受火轴拉木构件的有限元模型（图 2-13），并模拟出了 2min、10min、破坏时刻下木构件跨中截面的温度云图和应力云图，如图 2-14、图 2-15 所示。

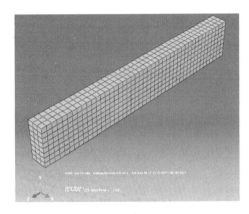

图 2-13　有限元模型

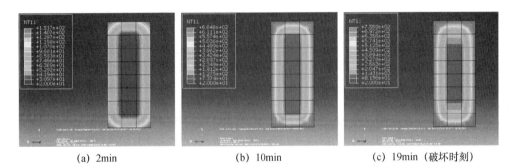

(a) 2min　　　　　　　(b) 10min　　　　　　　(c) 19min（破坏时刻）

图 2-14　各时刻下木构件跨中截面温度云图

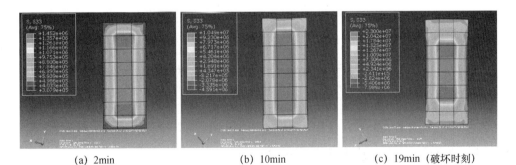

(a) 2min　　　　　　　(b) 10min　　　　　　　(c) 19min（破坏时刻）

图 2-15　各时刻下木构件跨中截面应力云图

从 10min 和 19min 时刻下的截面应力温度云图可看出,外侧区域实际为应力为零的区域,并且对应截面温度云图区域的温度值已大于 300℃,已成为丧失承载力的炭化层。

4. 数据对比分析

由于该模型是两种场下的耦合分析,因此该模型需进行测点温度数据及模型位移数据对比验证分析。通过数值模拟及试验的数据结果,得到了其对比的时间-温度曲线(图 2-16)、时间-位移曲线(图 2-17)。从时间-温度曲线的对比结果可知,1 号、2 号和 3 号的数值模拟与实测的温度变化趋势曲线基本吻合。从时间-位移曲线的对比结果可知,该轴拉木构件的耐火极限试验值为 17.8min,其耐火极限的数值模拟值为 19min,且有限元模拟与试验的位移变化曲线大致吻合。

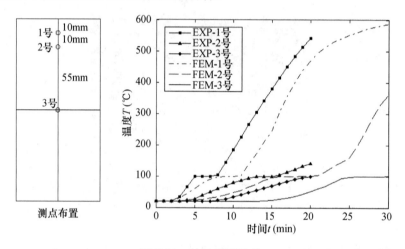

图 2-16　时间-温度曲线

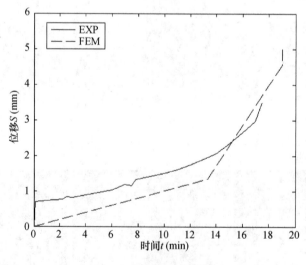

图 2-17　时间-位移曲线

2.7.3　木构件炭化速度及温度场分析

我国大部分的古建筑以木材为主要材料,而大量运用木材使古建筑的火灾负荷量增大，因此这些传统建筑的火灾荷载远超出当前国标中所规定的火灾负荷量，导致古建筑面临严峻的火灾风险。然而，一旦发生火灾，整个木结构建筑将处于高温炙烤的环境中，随着环境温度的不断升高，古建木结构构件的表层出现一定的炭化，随着炭化层的加深，古建木结构的结构性能将不断降低，最终导致整个木结构建筑丧失整体稳定性而发生坍塌破坏。因此，从科学的角度了解和认识木结构的火灾性能是有必要的，也有利于采用科学、合理的手段提高木结构的抗火性能。

2.8　密度对木构件炭化速度的影响

2.8.1　试件参数

为能具体地了解密度参数对炭化速度的影响，我们设计了 D-1、D-2、D-3 三种试件来进行不同密度下的温度场对比分析，其试件基本参数见表 2-4。

表 2-4　试件基本参数

试件编号	密度 (kg/m³)	尺寸（mm）		含水率 (%)	受火时间 (min)
		柱径	柱高		
D-1	450	300	3300	12	60
D-2	550	300	3300	12	60
D-3	650	300	3300	12	60

2.8.2　有限元模型

由于该模型主要用于热传导分析，故采用 ABAQUS 中的 heat transfer 分析模块。在该分析过程中，环境温度取为 20℃，且采用 ISO 834 标准升温曲线来模拟热流作用下的温升加热过程。同时，结构与周围热流介质间主要通过热对流、热辐射的方式传递热量。对此，Eurocode1 中给出了相应的规定，受火面热对流系数取 25W/（m²·K），热辐射系数取 0.8；非受火面对流系数取 9W/（m²·K）。其中，各试件模型的受火情况均为四周面受火、两端面非受火。各试件模型均划分成 10560 个元素，且模型的元素类型为 DC3D8。根据以上相关基本条件，我们建立了图 2-18 所示的有限元模型。

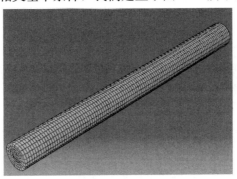

图 2-18　有限元模型

2.8.3　数值模拟结果

1. 温度云图

利用 ABAQUS 软件对密度为 $450\text{kg}/\text{m}^3$、$550\text{kg}/\text{m}^3$、$650\text{kg}/\text{m}^3$ 的三种试件进行了数值分析，并得到了 20min、30min、45min、60min 时刻的不同密度半高柱截面的温度云图，具体数值模拟结果如图 2-19～图 2-21 所示。

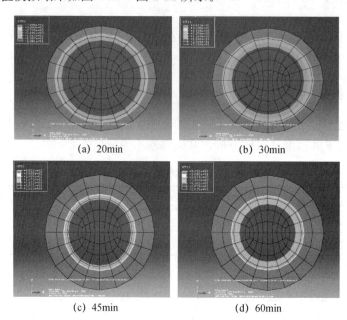

(a) 20min　　　　　　　　(b) 30min

(c) 45min　　　　　　　　(d) 60min

图 2-19　不同时刻下半高柱截面温度云图（$\rho=450\text{kg}/\text{m}^3$）

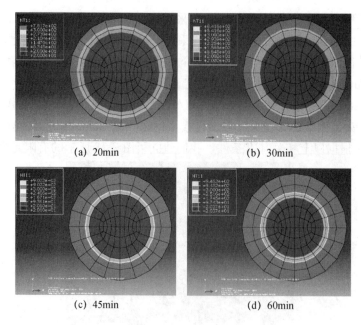

(a) 20min　　　　　　　　(b) 30min

(c) 45min　　　　　　　　(d) 60min

图 2-20　不同时刻下半高柱截面温度云图（$\rho=550\text{kg}/\text{m}^3$）

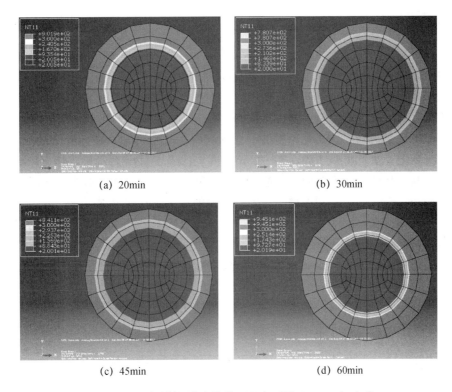

(a) 20min　　　　　　　　　(b) 30min

(c) 45min　　　　　　　　　(d) 60min

图 2-21　不同时刻下半高柱截面温度云图（$\rho = 650 \text{kg/m}^3$）

2. 炭化速度

根据 Buchanan 的论述观点（木材在 300℃ 时发生炭化），可得到试件 D-1、D-2、D-3 在 20min、30min、45min、60min 时刻下的炭化速度，其炭化速度的具体结果见表 2-5。

表 2-5　各试件的炭化速度

试件编号		炭化速度			
		20min	30min	45min	60min
D-1	有限元	1.116	0.868	1.103	0.862
D-2	有限元	1.087	0.803	1.057	0.847
	Eurocode5	1.009（7.2%）	0.785（2.2%）	0.998（5.6%）	0.780（7.9%）
D-3	有限元	1.105	0.776	0.959	0.812
	Eurocode5	0.928（16%）	0.722（6.9%）	0.917（4.3%）	0.717（11%）

注：括号内的计算值表示有限元模拟值与 Eurocode5 修正值间的误差；炭化速度的基本单位为 mm/min。

同时，为进一步验证计算结果的可靠性，采用 Eurocode5 中规定的炭化速度修正公式进行验算，其炭化速度的修正公式为

$$\beta_\rho = k_\rho \cdot \beta \tag{2-26}$$

式中，β_ρ 表示密度为 ρ 的木材炭化速度；β 表示密度为 450kg/m^3 的木材炭化速度；k_ρ 表示木材的炭化速度修正系数。

k_ρ 计算式为

$$k_\rho = \sqrt{\dfrac{450}{\rho}} \qquad\qquad (2\text{-}27)$$

通过将不同密度的炭化速度与修正炭化速度的对比，可得到试件 D-2、D-3 炭化速度的有限元模拟值与 Eurocode5 修正值的误差均在可接受的范围内，表明该数值计算的结果可作为木材炭化速度分析的基础依据。

根据以上结果可知：从炭化速度的汇总图（图 2-22）可知，在 60min 受火时间内，30min 之前炭化速度呈减小趋势，30～45min 内炭化速度呈增大趋势，45～60min 内炭化速度又呈减小趋势。其主要原因是起初一段时间内木构件上开始形成炭化层，使炭化速度逐渐减小；随着受火时间的增长，木构件上的炭化层开始出现裂缝，进而增大了热流通量，使炭化速度出现增大的趋势；随着内部露置的木材进一步炭化，炭化速度又开始呈现减小的趋势。

（1）通过不同密度木材炭化速度的对比，可以发现密度对木材炭化速度有一定的影响。

（2）在整个受火时间内，各试件内部的温度均比较低，这主要是由于形成的炭化层有效阻止了热量向内部的传递。

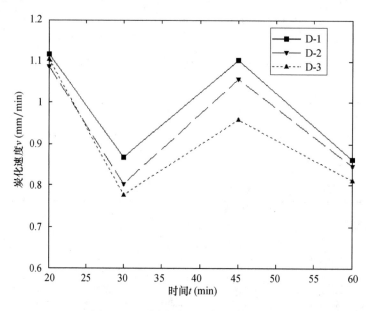

图 2-22　不同密度木构件的炭化速度

3. 温度趋势结果

选取试件 D-1 模型结果进行温度变化趋势分析，该分析则主要包括以下两部分的内容：分析受火时间对试件截面点的温度影响；分析受火面距离对试件截面点的温度影响。其中，为了解受火时间对截面点的温度影响，该处选取试件 D-1 的半高截面上 A、B、C、D、O 五点进行分析，具体变化趋势如图 2-23 所示。同时，为了截面点的温度分布情况，该处选取试件 D-1 的半高截面进行不同时刻下温度分析，其具体分布情况如图 2-24 所示。

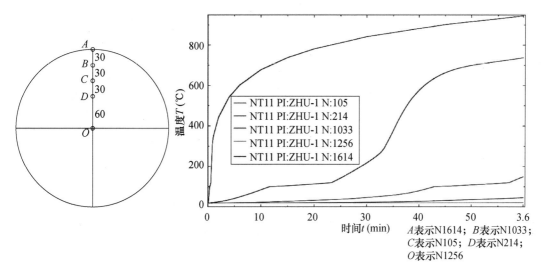

图 2-23 截面点的温度趋势曲线

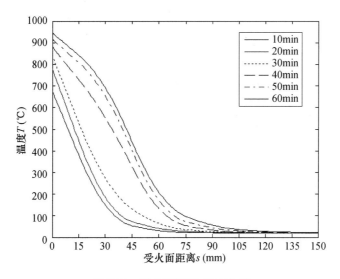

图 2-24 受火面距离-温度曲线

另外，为进一步了解密度对温度的影响，选取试件 D-1、D-2、D-3 半高截面上部分测点 1 号和 2 号进行不同密度下的温度对比分析，其对比温度趋势曲线如图 2-25 所示。

从图 2-23~图 2-25 可知：

（1）当温度达到 100℃时，温度趋势曲线呈平稳的温度平台变化，其主要是由于木材中所含的水分在达到 100℃时会出现蒸发，并带走大量的热量。

（2）当温度在 100℃之前时，距离受火面越远的点，其温升速率也越低。

（3）距离受火面越远的点，其进入温度平台的时间越晚，经历温度平台阶段的时间也越长。

（4）整个受火时间内，中心点 O 的温度一直不高，这主要是由于形成的炭化层有效地阻止了热量向内层区域的传递。

（5）相同时刻下，随着与受火面距离的增加，温度呈降低趋势。

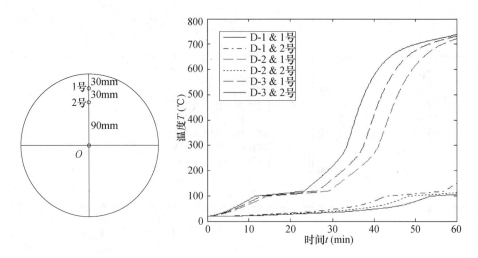

图 2-25　时间-温度曲线

（6）随着受火面距离的增加，达到相同温度所需的时间也越长。

（7）在 100℃之前，密度越大其温升速率也越低。

（8）相同时刻下，同一位置处的密度越大，其温度也越低。

2.9　含水率对木构件炭化速度的影响

2.9.1　试件参数

为了了解含水率对炭化速度的影响，该处设计了 W-1、W-2、W-3 三种试件进行对比分析，其基本参数见表 2-6。

表 2-6　试件基本参数

试件编号	含水率（%）	密度（kg/m³）	尺寸（mm）		受火时间（min）
			柱径	柱高	
W-1	12	450	300	3300	60
W-2	16	450	300	3300	60
W-3	20	450	300	3300	60

2.9.2　有限元模型

温度场分析主要采用热传导（heat transfer）分析模块。试件模型的环境温度设定为 20℃，采用 ISO 834 国际标准升温曲线来模拟火灾热流作用下的升温加热过程。由于试件与周围热流介质之间主要通过热对流、热辐射的方式传递热量。根据 Eurocode1 中的相应规定，受火面热对流系数取 25W/（m²·K），热辐射系数取 0.8；非受火面对流系数取 9W/（m²·K）。各试件受火面情况主要为四周面受火，两端面非受火。其中，各试件均划分 10560 个元素，且元素类型为 DC3D8。根据以上条件，我们建立了相应的有限元模型。

2.9.3 数值模拟结果

利用 ABAQUS 软件建立了含水率为 12％、16％、20％的有限元模型（其中含水率为 12％的试件 W-1 的模型及分析结果同 D-1，故本处不再重复该参数模型的分析，只取试件 D-1 的炭化速率的计算结果），并分析了该不同含水率对木柱构件温度场的影响，数值模拟出 20min、30min、45min、60min 时刻下不同含水率试件的半高截面处温度云图，具体结果如图 2-26～图 2-28 所示。

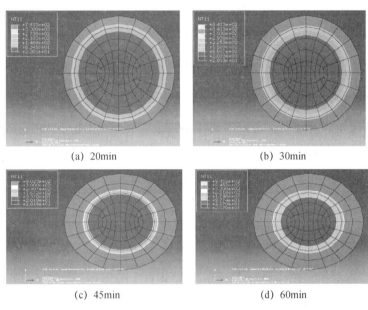

(a) 20min   (b) 30min

(c) 45min   (d) 60min

图 2-26　不同时刻下试件的半高截面温度云图（$w=16\%$）

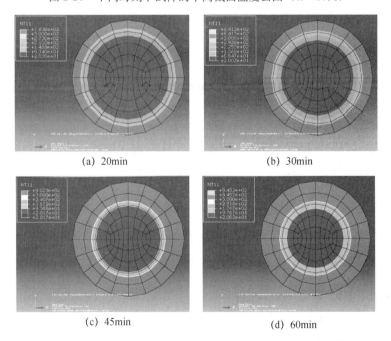

(a) 20min   (b) 30min

(c) 45min   (d) 60min

图 2-27　不同时刻下试件的半高截面温度云图（$w=20\%$）

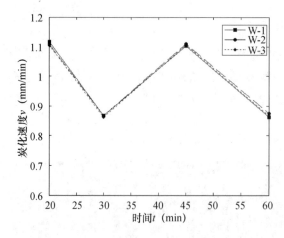

图 2-28 不同含水率木构件的炭化速度

根据该有限元分析结果，可得到试件 W-1、W-2、W-3 在 20min、30min、45min、60min 时刻下的炭化速度，见表 2-7。

表 2-7 各试件的炭化速度

试件编号	炭化速度			
	20min	30min	45min	60min
W-1	1.116	0.868	1.103	0.862
W-2	1.108	0.868	1.110	0.874
W-3	1.104	0.863	1.106	0.865

注：炭化速度的基本单位为 mm/min。

根据 Buchanan 等的论述观点（木材在 300℃ 发生炭化），可知：

1）从该炭化速度的汇总图（图 2-28）可知，在一定的受火时间内，炭化速度在开始一段时间内呈减小趋势，随后一段时间内呈增大趋势，最后炭化速度又呈减小趋势，其主要是由于开始一段时间形成的炭化层阻止了热量的传递，导致炭化速度降低，随后炭化层出现裂缝，增大了热流通量，使炭化速度增加，随着露置的内层区域的炭化，炭化速度降低。

2）对比试件 W-1（D-1）、W-2、W-3 的各时刻炭化速度结果可知，含水率对木材炭化速度的影响不明显。

3）整个受火时间内，各试件内层区域的温度一直不高。

2.10 尺寸效应对木构件炭化速度的影响

2.10.1 试件参数

为了解尺寸效应对炭化速度的影响，设计了 C-1、C-2、C-3 三种试件进行相应的温度场对比分析，各试件的基本参数见表 2-8。

表 2-8 各试件的基本参数

试件编号	尺寸（mm）		密度 （kg/m³）	含水率 （%）	受火时间 （min）
	柱径	柱高			
C-1	270	3300	450	12	60
C-2	300	3300	450	12	60
C-3	330	3300	450	12	60

2.10.2 有限元模型

各试件模型的温度场分析采用 ABAQUS 中的热传导（heat transfer）分析模块。模型的环境温度设定为 20℃，采用 ISO 834 标准升温曲线来模拟火灾热流作用下的升温加热过程，而试件模型与周围热流介质之间主要通过热对流、热传导的方式传递热量，其相关参数根据 Eurocode1 的规定取值，即受火面热对流系数取 25W/（m²·K），热辐射系数取 0.8；非受火面对流系数取 9W/（m²·K）。各试件均是四周面受火，两端面非受火。试件 C-1、C-2、C-3 分别划分为 8360 个、10560 个和 14080 个元素，且各试件的元素类型均为 DC3D8。由于各试件的有限元模型基本与 C-2 的模型类似，故不再重复另外两个试件的模型。

2.10.3 数值模拟结果

1. 温度云图

利用 ABAQUS 建立了尺寸为 270mm×3300mm、300mm×3300mm、330m×3300mm 的有限元模型（其中尺寸为 300mm×3300mm 试件模型 C-2 与 D-1 为同一模型，故此处不重复 C-2 模型的数值分析），其模拟结果如图 2-29～图 2-31 所示。

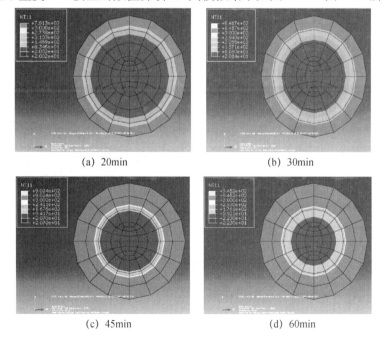

(a) 20min (b) 30min

(c) 45min (d) 60min

图 2-29 不同时刻下半高柱截面温度云图（模型尺寸：270mm×3300mm）

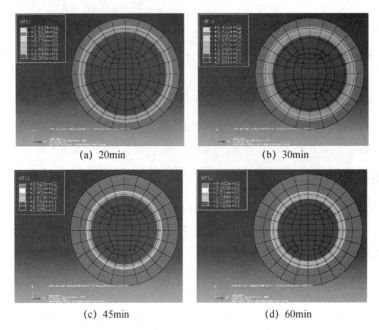

(a) 20min   (b) 30min

(c) 45min   (d) 60min

图 2-30　不同时刻下半高柱截面温度云图（模型尺寸：330mm×3300mm）

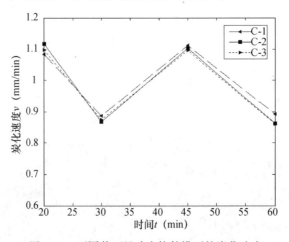

图 2-31　不同截面尺寸木构件模型的炭化速度

2. 炭化速度

根据有限元的分析结果，可得到 20min、30min、45min、60min 时刻下试件 C-1、C-2、C-3 的炭化速度，见表 2-9。

表 2-9　各试件的炭化速度

试件编号	炭化速度			
	20min	30min	45min	60min
C-1	1.083	0.887	1.112	0.892
C-2	1.116	0.868	1.103	0.862
C-3	1.097	0.874	1.095	0.860

注：炭化速度的基本单位是 mm/min。

根据 Buchanan 的论述观点（木材在 300℃时发生炭化），可以得到以下结论：

1) 从该炭化速度的汇总图（图 2-31）可知，在一定受火时间内，木材的炭化速度呈现为先降低再增加，之后又降低的变化趋势。

2) 尺寸效应对木材炭化速度的影响并不明显。

2.11　木构架的温度场分析

2.11.1　基本参数

选取一榀抬梁式木构架（图 2-32）进行数值模拟分析，木构架的各试件基本尺寸参数采用马炳坚的《中国古建筑木作营造技术》中给出的小式建筑木构件权衡尺寸，尺寸参数见表 2-10。其中，木材的密度取为 450kg/m³，含水率取为 15%。

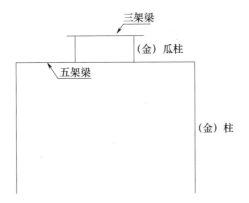

图 2-32　木构架

表 2-10　木构架各构件的基本尺寸参数

构件名称	参数	权衡尺寸	模型值	构件名称	参数	权衡尺寸	模型值
五架梁	长	四步架加 2D	4320	金柱	径	D 加 1 寸	272
	高	1.5D	360		高	檐柱高加廊步五举	3120
	厚	1.2D	288	燕尾榫	宽部	—	100
三架梁	长	二步架加 2D	2400		窄部	—	80
	高	1.25D	300		长	(1/4~3/10) D	60
	厚	0.95D	228		厚	同梁高	360
金瓜柱	宽	D	240	瓜柱柱脚半榫	长	6~8	60
	厚	上架梁厚的 0.8	230.4		厚	瓜柱管脚榫厚 2.4~3.2	32
	高	按实际	480		宽	—	70

注：D 取为 240mm。

2.11.2　有限元模型

该抬梁式木构架模型采用 ABAQUS 中的热传递（heat transfer）分析模块，模型环境温度取为 20℃，采用 ISO 834 标准升温曲线来模拟实际火灾作用下的升温加热过程，其受火时间为 60min。该木构架结构与周围热流介质之间主要通过热对流和热辐射的方式传递热量，而 Eurocode1 中也给出了相应的规定，受火面热对流系数取 25W/（m²·K），热辐射系数取 0.8；非受火面热对流系数取 9W/（m²·K）。其中，各试件受火面主要为（金）柱四周面受火，两端面非受火；（金）瓜柱四面受火；五架梁和三架梁三面受火，两端面受火，顶面非受火。各构件之间的连接方式采用 Tie 方式，即绑定方式。该模型的元素类型采用 DC3D8 单元类型。根据以上相应的基本条件（图 2-32），建立了图 2-33 所示的有限元模型。

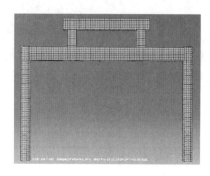

图 2-33　木构架有限元模型

2.11.3　数值模拟结果

采用有限元软件 ABAQUS 对该抬梁式木构架进行了数值分析，模拟出了 20min、30min、45min、60min 时刻下各构件截面及榫卯节点处的温度云图，具体结果如图 2-34～图 2-41。

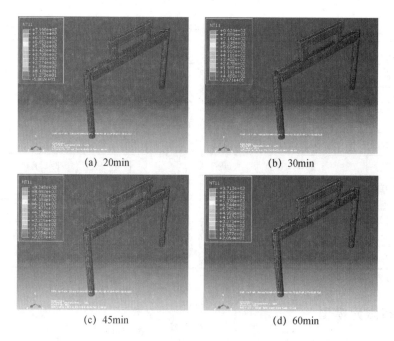

(a) 20min　　　　　　　　(b) 30min

(c) 45min　　　　　　　　(d) 60min

图 2-34　不同时刻下木构架温度云图

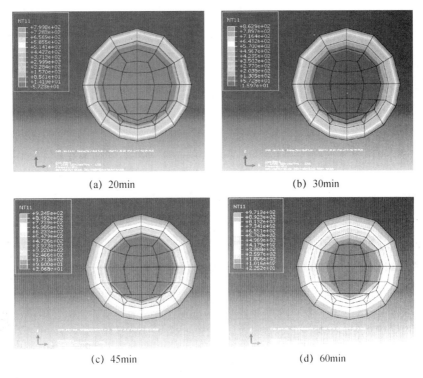

(a) 20min   (b) 30min

(c) 45min   (d) 60min

图 2-35 不同时刻下半高柱截面温度云图

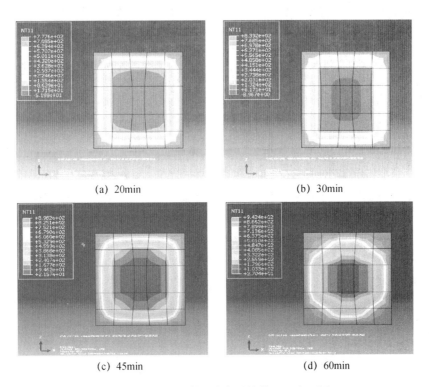

(a) 20min   (b) 30min

(c) 45min   (d) 60min

图 2-36 不同时刻下半高瓜柱截面温度云图

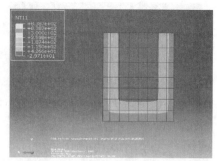

(a) 20min

(b) 30min

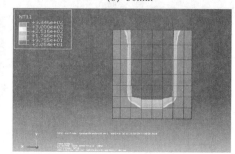

(c) 45min

(d) 60min

图 2-37　不同时刻下五架梁跨中截面温度云图

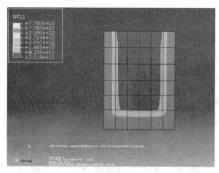

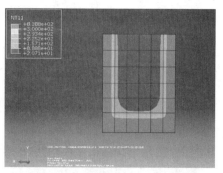

(a) 20min

(b) 30min

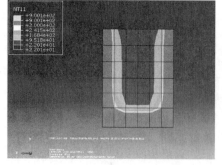

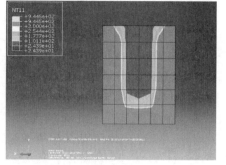

(c) 45min

(d) 60min

图 2-38　不同时刻下三架梁跨中截面温度云图

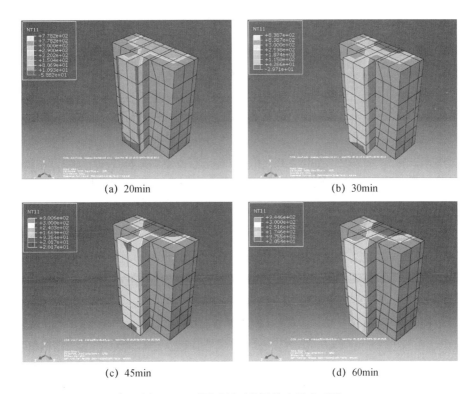

图 2-39　不同时刻下燕尾榫头温度云图

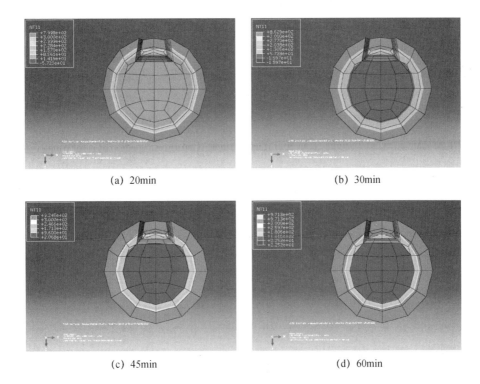

图 2-40　不同时刻下燕尾榫槽温度云图

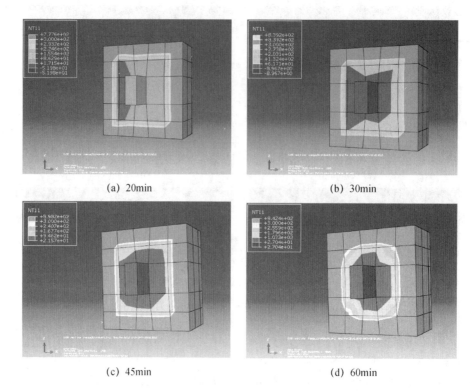

图 2-41　各时刻下直榫头温度云图

根据 Buchanan 的论述观点（木材在 300℃ 时炭化），可从以上分析结果得出以下结论：

1）从图 2-37 和图 2-38 的数值分析结果可得到五架梁和三架梁的水平方向炭化速度、竖直方向炭化速度（表 2-11），其汇总图如图 2-42 所示。该图表明炭化速度在起初一段时间内均呈降低趋势，其中三架梁的水平炭化速度呈先减小再增加的趋势，五架梁的水平方向炭化速度呈先降低，随后增加，再减小的变化趋势。其主要原因是开始一段时间构件表面形成炭化层，阻止了热量向内层区域传递，随着炭化层的裂缝生成，热流通量增大，致使木材炭化速度出现这种变化。

表 2-11　炭化速度

名称		炭化速度			
		20min	30min	45min	60min
五架梁	H	1.033	0.739	0.919	0.890
	V	1.562	1.090	0.745	0.690
三架梁	H	1.295	0.921	0.718	0.950
	V	1.982	1.408	0.996	0.793

注：H 表示水平方向；V 表示竖直方向；炭化速度的基本单位为 mm/min。

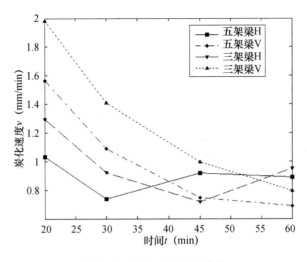

图 2-42　时间-炭化速度曲线

2）竖直方向的炭化速度大于水平方向的炭化速度。

3）60min 受火时间内，燕尾榫头颈部及燕尾榫槽窄端均出现明显的局部炭化；燕尾榫头与燕尾榫槽在靠近宽端的接触面上均未出现明显的炭化，其主要是由于该榫卯节点的接触面并未直接受热流作用，热量只是通过热传导的方式传递到该区域；在该受火时间内，瓜柱直榫榫头并未有明显的炭化。

4）60min 受火时间内，五架梁与三架梁的下底面两端的棱角呈圆弧状，这主要是由于该角部的单元受到两个方向的热流作用。

5）在整个受火时间内，（金）瓜柱的四个棱角均呈圆弧状角，并且该圆弧状角由起初的外凸转变为内凹。

6）在整个受火时间内，各构件的内层区域的温度均一直不高，其主要是由于构件表面生成的炭化层有效地阻止了热量向内层区域的传递。

2.11.4　小结

利用有限元软件 ABAQUS 对木构件进行了不同密度、含水率、尺寸效应下的炭化速度参数分析及试件截面温度趋势分析，并对一榀抬梁式木构架进行了温度场分析，总结出了以下相关结论：

1）密度、含水率、尺寸效应均对木材的炭化速度存在影响，但相比较而言，密度对木材炭化速度的影响较为明显，而含水率和尺寸效应对木材炭化速度的影响相对较不明显。

2）在一段受火时间内，木材的炭化速度呈先降低，再增加，之后又开始降低的变化趋势，这主要是由于开始一段时间内木材外层逐渐炭化并形成炭化层，阻止了热量向内层区域的传递，随着炭化时间的增加，木材表面的炭化层开始出现裂缝，热流通量增大，之后随着炭化时间的继续增加，裂缝内露置于外部受火环境的内层区域进一步发生炭化，热流向内层区域的传递受阻，致使木材的炭化速度降低。

3）当温度达到 100℃时，温度趋势曲线呈平稳的温度平台变化，这主要是由于木材中的水分在100℃时会出现大量的蒸发，并带走大量的热量；距离受火面越远的点，其进入温度平台的时间越晚，经历温度平台阶段的时间也越长。

4）在100℃之前，距离受火面越远的点其温升速率越低，且密度越大其温升速率也越低；相同时刻下，随着受火面距离的增加，温度分布曲线呈递减的趋势；随着受火面距离的增加，达到相同温度所需的时间越长。

5）在一定受火时间内，燕尾榫头颈部及燕尾榫槽窄端均出现明显的局部炭化，但燕尾榫头与其榫槽接触面上在靠近宽度部位并未出现明显的炭化。

6）在一定受火时间内，五架梁与三架梁的下底面两端的棱角呈圆弧状，其主要是由于该棱角处受两个方向的热流作用。

7）在一定受火时间内，（金）瓜柱的四个棱角呈圆弧状角，且该圆弧状角由起初的外凸转变为内凹。

8）竖直方向的炭化速度大于水平方向的炭化速度。

2.12　木构件的耐火极限分析

木结构作为一种传统的结构形式，在我国的建筑历史中一直扮演着举足轻重的角色，直至现今依旧广泛遍布于生活中的每个角落。传统古建木结构因具有易于就地取材、建筑形式多样、布局灵活、外观优美的特点，在我国古建筑中得到广泛的应用，如宫殿、道观、祠堂等都有这些传统木结构的身影。由于我国的传统木结构建筑绝大部分以木材作为其建筑用材，导致传统木结构建筑的火灾荷载极度偏大，使传统木结构建筑极大地面临着被火灾吞噬的危险。在实际情况中，处于火灾环境下的古建木结构也承受着自重及外荷载，并且在高温环境下，传统木结构的结构性能也会发生显著的下降，进而使整个木结构处于一种相当不利的工作状态，最终导致整个木结构建筑发生坍塌破坏。因此，如果能延缓木结构建筑坍塌破坏的时间，而从结构抗火的角度提高古建木结构的耐火性能，则可以起到一定的提高古建木结构安全的作用。

2.12.1　分析思路及判定方法

1. 分析思路

由于本章主要是分析火灾下荷载作用时的结构性能，故该分析涉及温度场与结构场的耦合分析。针对这种分析一般采用耦合分析的思路，而该耦合分析方法一般分为间接耦合法和直接耦合法。

由于本章是进行高温下荷载作用的结构性能分析，相比常温下结构分析要复杂一些，且随着温度场的变化，应力也不断进行重分布，本构关系也不断发生变化。因此，本章采用计算量相对小的间接耦合法的分析思路进行温度场与结构场的耦合分析。

2. 耐火极限的判断方法

对耐火极限的判定，则采用位移突变来判定受火木结构是否发生破坏。该方法主要认为对受火情况下荷载作用的结构，在未发生破坏时，结构的变形位移的变化为缓慢增长，当达到其耐火极限时，结构的位移会出现急剧的增大，致使结构发生破坏而失效。

2.12.2 持荷大小对木构件耐火极限的影响

1. 试件参数

为了解持荷大小对轴心受拉木构件的耐火极限的影响，本处设计了 N-1、N-2 及 N-3 三种试件进行对比分析，基本参数见表 2-12。

表 2-12 试件的基本参数

试件编号	受拉荷载 (kN)	偏心距 e_0 (mm)	尺寸 (mm)	
			柱径	柱高
N-1	120	0	180	1500
N-2	145	0	180	1500
N-3	160	0	180	1500

2. 数值模拟结果

根据上述的试件设计要求，本处利用有限元软件 ABAQUS 建立了 N-1、N-2 及 N-3 的有限元模型，模拟了 120kN、145kN 及 160kN 轴拉力作用下各试件不同时刻截面温度云图及应力云图。

1）轴拉力 $F = 120$kN

不同时刻下截面温度云图（$F = 120$kN）如图 2-43 所示。

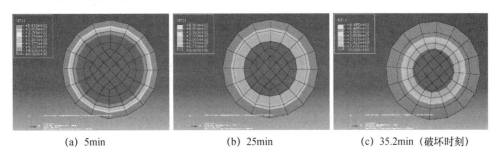

(a) 5min   (b) 25min   (c) 35.2min（破坏时刻）

图 2-43 不同时刻下截面温度云图（$F = 120$kN）

不同时刻下截面应力云图（$F = 120$kN）如图 2-44 所示。

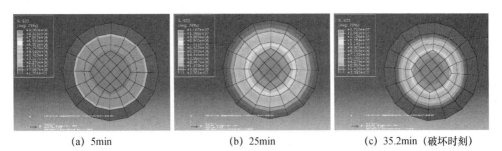

(a) 5min   (b) 25min   (c) 35.2min（破坏时刻）

图 2-44 不同时刻下截面应力云图（$F = 120$kN）

根据以上温度云图及其应力云图，可得到受火时间 5min、25min 及破坏时刻的试件 N-1 的截面温度分布曲线(图 2-45)、应力 S33 分布曲线（图 2-46）。由该温度分布曲线可知，试件的截面点的温度随离受火面距离的增大而减小，且在离受火面较远的位置，其温度较低。而从应力 S33 分布曲线可知，5min 时刻截面的峰值应力较小，且在距离受火面稍远距离外的区域应力基本无明显幅度的变化，其对区域的温度也较小；而当受火时间增长，与受火面较远的中间区域的应力 S33 则在不断增大，与此同时，与受火面较近的区域的应力在不断减小，这主要是由于与受火面较近的区域被不断炭化，逐渐成为丧失承载力的区域，致使截面应力重分布。

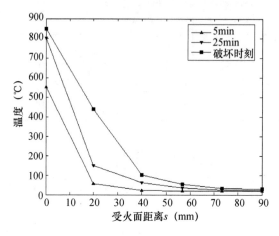

图 2-45　不同时刻的温度分布曲线（$F=120kN$）

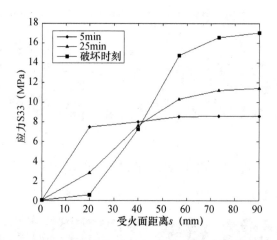

图 2-46　不同时刻的应力分布曲线（$F=120kN$）

同时，为了较准确地得到试件 N-1 的耐火极限，本处选取试件 N-1 的端部位移作为判定其耐火极限的依据。从该试件的时间-端部位移曲线（图 2-47）可知，试件 N-1 的端部位移在 35.2min 时刻发生急剧增加，说明试件 N-1 在此时已经开始出现拉断破坏，故可判定试件 N-1 的耐火极限为 35.2min。

2）轴拉力 $F=145kN$

不同时刻截面温度云图（$F=145kN$）如图 2-48 所示。

不同时刻截面应力云图（$F=145kN$）如图 2-49 所示。

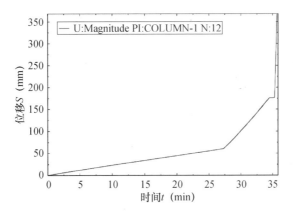

图 2-47　时间-端部位移曲线（$F=120\text{kN}$）

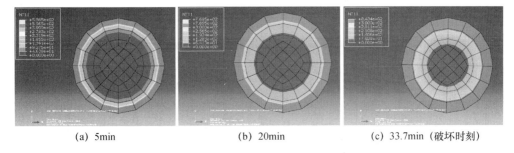

(a)　5min　　　　　　　(b)　20min　　　　　　(c)　33.7min（破坏时刻）

图 2-48　不同时刻截面温度云图（$F=145\text{kN}$）

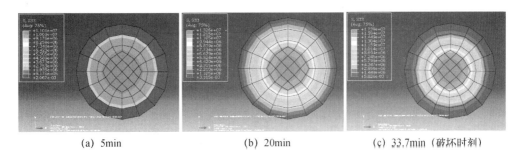

(a)　5min　　　　　　　(b)　20min　　　　　　(ç)　33.7min（破坏时刻）

图 2-49　不同时刻截面应力云图（$F=145\text{kN}$）

　　根据以上的温度云图及应力云图，可得到其相应的各时刻温度分布曲线（图 2-50）、应力分布曲线（图 2-51）。从该温度分布曲线可知，距离受火面越远的点，其温度越低，这主要是由于形成的炭化层阻止了热量向内部区域传递。从该应力分布曲线可知，5min 时刻距受火面稍远范围外的区域，其热应力保持平稳变化，但随受火时间的增长，距离受火面较远区域的应力 S33 出现大幅增大，且峰值应力 S33 靠近于试件中心位置，而靠近受火面的应力 S33 逐渐减小，这主要是由于距离受火面较近的区域发生炭化，该区域丧失承载力，而由未丧失承载力的区域来承担外荷载，致使截面应力重分布。

　　同时，为了得到试件 N-2 的耐火极限，该处选取试件 N-2 的端部位移变化作为其耐火极限的判定依据。从该时间-端部位移曲线（图 2-52）可知，试件 N-2 端部的位移在 33.7min 时开始出现急剧增加，表明在该时刻试件 N-2 开始出现了拉断破坏，故试件 N-2 的耐火极限为 33.7min。

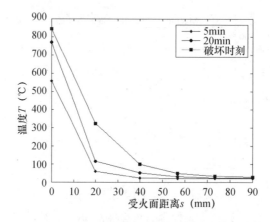

图 2-50　不同时刻的温度分布曲线 （F＝145kN）

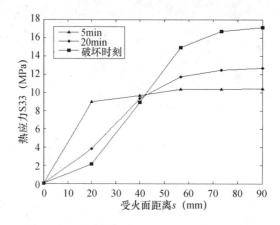

图 2-51　不同时刻的应力分布曲线 （F＝145kN）

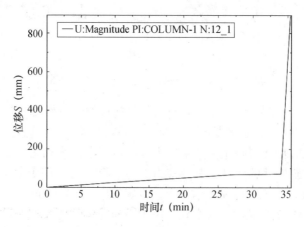

图 2-52　时间-端部位移曲线 （F＝145kN）

3）轴拉力 F＝160kN

不同时刻截面温度云图 （F＝160kN） 如图 2-53 所示。

不同时刻截面应力云图 （F＝160kN） 如图 2-54 所示。

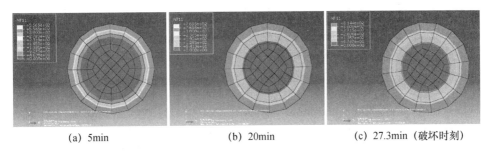

(a) 5min   (b) 20min   (c) 27.3min（破坏时刻）

图 2-53 不同时刻截面温度云图（$F=160$kN）

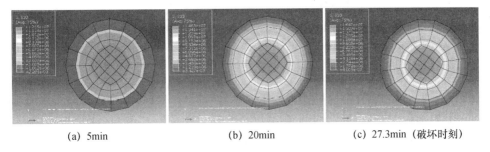

(a) 5min   (b) 20min   (c) 27.3min（破坏时刻）

图 2-54 不同时刻截面应力云图（$F=160$kN）

根据以上的温度云图及应力云图，可得到试件 N-3 各时刻的截面温度分布曲线（图 2-55）、应力分布曲线（图 2-56）。从该温度分布曲线可知，同一时刻下距离受火面越远的点，其温度也越低。从其应力分布曲线可知，5min 时刻，在受火面一定距离外的区域的应力 S33 基本保持相等，但随着受火时间的增长，距离受火面较远区域的应力 S33 逐渐增加，且最大应力 S33 出现在中心位置，而距离受火面较近区域的应力 S33 则逐渐减小，其主要是由于距离受火面较近区域发生炭化，逐渐成为丧失承载力的区域，使得截面应力重分布。

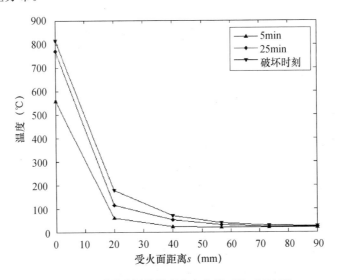

图 2-55 不同时刻的温度分布曲线（$F=160$kN）

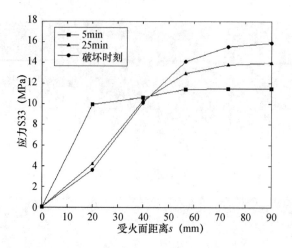

图 2-56 不同时刻的应力分布曲线（F＝160kN）

同时，为了得到试件 N-3 的耐火极限，该处将试件 N-3 的端部位移变化作为其耐火极限的判断依据。从该试件的时间-端部位移曲线（图 2-57）可知，该试件的端部位移在 27.3min 时开始出现急剧增加，表明在该时刻试件 N-3 开始发生拉断破坏，故该试件的耐火极限为 27.3min。

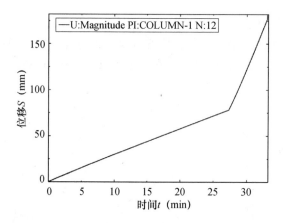

图 2-57 时间-端部位移曲线（F＝160kN）

2.12.3 结论

通过对不同持荷大小的轴拉木构件的有限元分析，可得到以下结论：

1）根据各持荷水平的轴拉木构对比分析可知，120kN、145kN 及 160kN 轴拉力的木构件耐火极限分别为 35.2min、33.7min 及 27.3min。该结果表明，在一定的条件下，随着轴拉力的增加，木构件的耐火极限呈降低的趋势。

2）对受火的轴拉木构件，其截面的温度分布表现为距离受火面越远，其温度越低；其截面应力分布表现为在开始一段时间内，距离受火面稍远范围外的区域的应力变化比较平稳，随着受火面时间的增长，该区域的应力逐渐增大，而距离受火面较近区域的应力则逐渐减小，未丧失承载力的区域范围也在减小。

3 砖木结构古建筑火灾风险评估方法

古建筑火灾具有其自身的特殊性。古建筑火灾安全不是以扑灭火灾为唯一目标，而是以最大限度保护古建筑、减少文物损失为首要目的。因此，必须从火灾防治的各个关键环节入手，有针对性地制定消防安全对策，切实对文物古建筑存在的不安全因素从技术上找到根本的解决方法。如何科学评估火灾危险性，科学合理地对古建筑加以保护，使其既保留原有历史风貌，又满足国家关于文物保护的相关法律、法规和技术规范等，已成为我们面临的难点和需要迫切解决的技术重点。

3.1 古建筑火灾风险评估体系

3.1.1 概述

古建筑的火灾风险评估与管理，首先可以根据古建筑的使用功能和消防安全要求，系统归纳古建筑内火灾致灾因子，以灾害脆弱性评估为目的，对致灾因子进行分类整理，为构建古建筑火灾危险源评估指标体系框架提供基础数据；其次，通过类比分析火灾风险评估模型，探究出适用于古建筑火灾风险综合评估模型，计算出建筑物及建筑物内的火灾危险度，对古建筑火灾危险状态进行分析，在采取有效措施后将提升整个建筑的防火性能。

火灾风险评估是应对古建筑突发性火灾事件的一种"关口前移"的体现，也即将事后处理更改为事前防范，将安全管理落实到一线，从导致火灾事故发生的起始点开始控制，引起消防管理人员或古建筑内居民的重视，并提高他们对风险的感知能力。古建筑火灾风险评估的应用与发展有助于客观地评价古建筑的消防安全现状，其中包括科学系统地分析古建筑在当前消防管理中的不足，如建筑内允许存在的火灾荷载居多、消防设施的缺失、指挥人员的失责等。基于以上研究，结合古建筑的特点，确定出古建筑内主要火灾危险源及不利因素，根据对区域内火灾风险评估结果的分析，提出对古建筑消防设施的选取和布置建议，从而为古建筑后期修缮与防护中火灾预警机制的建立提供参考和依据。除此之外，通过对建筑的实地调研，结合建筑信息化管理技术，利用数字信息仿真技术模拟建筑物所具有的真实信息，对每个构件及消防设施进行信息入库处理，使消防指挥管理人员及灭火人员在灭火过程中有效地识别风险，并以最快速度确定灭火装置的位置实施灭火，既及时保护建筑物本身，又保证了现场工作人员和游客的安全。

3.1.2 火灾风险评估的研究现状

相比于现代建筑，国内外对古建筑火灾风险评估的相关研究和应用案例较少。从国外研究现状来看，西方国家的古建筑遗产在建筑结构和构造用材等方面与我国古建筑遗产的差异较为明显，但是在古建筑的消防安全保护工作中，火灾风险分析理论及方法具有相通性，我国学者可选择性地学习和借鉴西方发达国家在古建筑消防管理方面的先进理念、方法及研究成果。从国内研究现状来看，近年来，由于国民经济的迅速提升，人们对国内古建筑的旅游热情不断攀升，因此，国家和地方的相关部门对古建筑的消防安全保护工作不断深入，研究内容也不断细化，为防止古建筑内火灾的发生，国内关于古建筑火灾风险评估和管理问题的重视程度也在持续提高。

1. 国外火灾风险评估的研究现状

在火灾风险评估研究领域，国外研究工作开始于20世纪70年代。第二次世界大战结束以后，随着西方各国经济相继回暖，国家进入大规模的重建时期，城市建设也如火如荼地开展，建筑的消防安全问题渐渐引起了人们的重视，火灾风险评估工作的研究就是在这样的背景下展开的。

1) 美国火灾风险评估

美国在火灾风险评估研究方面走在了世界前列，开发了多种评估方法。首先提出火灾风险评价的是美国道康宁公司（DOW CORNING），采用火灾爆炸指数评价法对企业进行系统的火灾风险评价。该方法可以量化潜在火灾、爆炸，对事故的损失进行预估。目前该方法仍在使用，在化工行业具有很强的实用性，得到了行业的认可。

美国国家火灾保险商委员会（NBFU）为了提高区域的防火和公共消防，在评估了许多地区的火灾风险后，开发了区域火灾检查和等级系统，现行的"灭火分级制（FSRS）"就是由此演变而来的。在现行的"灭火分级制"中，主要是通过综合考量建筑结构、建筑内物质结构等硬件方面的因素，通过建立建筑物所需消防给水流量的计算，确定该区域的消防车、消防泵等消防装备的配备，给出了火灾风险的评估方法，包含的火灾风险因素有建筑、建筑用途、暴露和每个选定的建筑间的连接因数或者防火分隔。这些风险因素由建筑结构、建筑有效面积、建筑内物质的可燃性、受影响建筑物外围护墙体的结构、与暴露建筑物的距离、建筑物外围护墙体的长高值、建筑物外围护墙体的耐火极限、开口保护形式、防火分隔的结构和连接长度等子因素确定。该方法分别给出了各子因素的分值，通过评价和计算，确定建筑物所需的消防给水流量。然后，经过对比和分析区域内各种建筑物所需的消防给水流量值，选出一个有代表性的建筑物作为区域消防给水流量值，再根据该值确定区域的消防车数量、消防泵类型和消防装备数量等。

（1）火灾道化学法。火灾道化学法由美国道化学公司于1964年提出，又称为火灾爆炸危险指数评价法。该方法主要是以物质系数结合工艺危险性修正系数求出火灾爆炸指数。此方法得到世界各国的高度认可，应用范围广，使用频率非常高。例如，我国学者刘扬等利用该方法对轻烃储罐的火灾爆炸危险性进行了评估。总体来说，该方法主要用于化工生产危险度的定量评价，主要评估对象是物质性质和生产工艺。

（2）建筑防火评估方法（BFSEM）。该方法又被称为L曲线法，主要是综合考察建筑火灾荷载、建筑结构、消防因素等，构建网络图来评估火灾风险，主要用于建筑火灾安全性能的风险评估。

（3）NFPA 551《火灾风险评估评价指南》。美国消防协会在2004年颁布该火灾风险评估方法指南，提出了火灾风险评估的定性分析、半定量概率分析、半定量后果分析、定量分析、成本效益分析方法等。

2）英国火灾风险评估

英国区域火灾风险以消防力量的响应时间、速度和程度的标准，根据建筑规模和环境密度予以确定，对火灾风险的评估是一种以财产风险为基础的定性方法。这种方法将典型区域划分成 A、B、C、D 等几个风险等级，每种风险等级代表具有某类典型特征的区域。对不同风险等级的区域，规定了相应的第一出动响应时间最低标准。该评估标准将大部分消防力量分配到了市中心的商业区，而居住区的消防力量则相对薄弱，造成在一段时期内家庭火灾人员伤亡频繁发生，这表明在一定时期内居住区也属于火灾风险较高的区域。随后，英国审计委员会提出了更新消防力量标准的提案，对火灾风险评估的方法进行了重新论证和研究。新方法以评估生命风险为基础，目的是使消防安全措施与生命、财产、环境的风险等级达到最优平衡。

（1）Entec 消防风险评估法。该方法由英国 Entec 公司开发，又称为"消防风险评估工具箱"。该方法主要是对评价对象的风险进行评价，与可接受指标进行对比，对预防工作进行估算，从而确定降低风险的方法，主要用于人员较密集的建筑及道路交通等重大安全事故的风险评估，提前做好消防部署。

（2）Crisp II 法。该方法由英国建筑研究中心提出，主要评估人员生命安全，由人员平均伤亡数量得到相对风险。

（3）ICI Mond 法。该方法又称蒙德火灾爆炸危险指数评价法。由英国 ICI 公司蒙德（Mond）工厂在道化学法的基础上改进而来，增加了毒性的计算，扩充了补偿系数，增加特殊工程类型危险性评价等。其适用范围与道化学法基本相同。

3）瑞士火灾风险评估方法

（1）FRAME 法。该方法是目前比较成熟的一种建筑火灾风险评估方法，综合考量建筑内的人员、物品、环境等因素的共同影响，结合相应建筑防火设计规范，定量计算火灾评估结果。该方法的缺点是计算过程相对比较麻烦。

（2）SIA 81。SIA 81 是由 Max Gretener 开发的瑞士风险评估方法，其理论是通过基于损失经验的统计方法确定火灾风险，并寻找更优秀的替代方案。这种方法在瑞士及其他几个国家都很受欢迎，已经作为快速评估方法来评估大型建筑物的替代消防方案的火灾风险评价方法。该方法是最重要的火灾风险评价方法之一，因为它的评价规则符合保险业对评级的要求和消防规范。

4）瑞典火灾风险评估

火灾风险指数法：瑞典 Magnusson 等人提出了火灾风险指数法。该方法结合模糊打分的方式，对建筑物火灾特性参数进行赋值，结合 Delphi 调查法获取专家主观意见，最终计算得到火灾安全指数。

5）日本火灾风险评估

日本对所有区域进行火灾风险评估、划分区域等级，从防灾的角度加强行政管理，已经形成一种完善的社会制度。区域火灾危险度的表示方法主要采用的是"区域等级"法，除此之外还有横井法、菱田法、数研法和东京都法。"区域等级"法是日本在采纳了美国国家火灾保险商委员会（NBFU）制定的"区域消防情况和物质条件分级表"的基础上，修改并用于火灾风险评估领域。"区域等级"是指从气象条件、木结构建筑物的种类及结构状况、通信设施、消防体制等方面考虑，对木结构建筑物的燃烧采用火灾工程学的方法，对通信和灭火采用统计方法，定量计算木结构建筑物每年预计的燃烧损失量，并根据计算量大小确定区域等级，表示区域潜在的火灾危险程度。

"城市等级"法：20 世纪 80 年代，日本采纳美国 NBFU 的 "城市消防情况和物质条件分级表"，对所有城市进行火灾风险评估，评价结果以火灾危险度表示。对单个建筑的火灾风险评估，日本制定了《建筑基准法》，从法律、建筑防火性能化设计、建筑火灾风险评估等多个角度同时进行。

6）其他国家火灾风险评估

（1）加拿大 FIRECAM 法（火灾风险与成本评估模型）。该方法主要是通过分析火灾场景来评估火灾对建筑内居民的风险，以及火灾损失和消防费用评估。FIRECAM 是 Fire Risk Evaluation and Cost Assessment Model（火灾风险评估和成本评估模型），由加拿大国家研究委员会（National Research Council Canada，NRC）开发，可为特定消防安全设计的公寓或办公楼提供该建筑物消防安全水平。此外，该模型还可以评估目标的消防成本，包括设置消防系统的资金和维护的成本及预期的火灾损失。

（2）德国 FRAME（工程火灾风险评估方法）。FRAME 由德国人 DeSmet 基于 Gretener 法开发的一种用于帮助消防工程师对运维期的建筑物确定风险值，且具有成本效益的消防安全概念的工具，主要是通过量化风险源计算出风险值，对建筑物提出提高消防水平的建议，与建筑设计防火规范为了使建筑物具有一定抵御火灾的能力不同，该法主要为确保人的逃生和救援自己、保护建筑物和建筑物中的活动，计算当下情况的建筑物发生火灾的风险值，同时提供优化消防安全工作的建议。

（3）澳大利亚 CESARE-Risk 法（建筑消防安全系统性能的风险评价模型）。该方法主要考虑火灾及火灾的反应概率特性，预测建筑内火灾环境的变化。

（4）火灾风险指数法。火灾风险指数法是北欧公认火灾风险评价的工具，曾经被 Larsson 用于评价一个多层木结构的公寓楼，没有深厚消防安全知识储备的人员也可以轻易使用该方法，但必须对目标建筑物有充分的了解，目标有详细的图纸、施工方案、建筑材料和通风系统的设计等。此方法适用于各类普通的公寓楼，建筑物的高风险指数代表建筑物有较高的消防安全水平。

2. 国内火灾风险评估的研究现状

相比于发达国家，我国在火灾风险评估方面的研究起步较晚。随着国家的大力支持和学者们的不断深入研究，目前我国在火灾风险评估相关方面的研究已经取得了不错的成果。我国对火灾风险评估的研究非常重视，国家统计局、公安部交通管理局和中国社科院，在火灾风险评估方面做了大量的研究。同时，上海、天津、沈阳、成都建立了消防科学研究所。很多科研单位和高校也加入了火灾风险评估的研究中，如同济大学、东北大学、中国科学技术大学及中国人民武装警察部队学院等。试点的成立，大量调研资料的提供，使我国火灾风险评估的研究工作进入了一个新的阶段。

我国学者对火灾风险评估做了大量的理论研究和实证分析，火灾风险评估模型和算法逐渐趋于完善和先进。

综观近几年的研究可以发现，学者们不仅在不断完善火灾风险体系的细节，修正赋权，同时还将计算机程序语言运用到火灾风险评估体系中，将复杂的算法转变为程序代码，大大提高了风险评估的准确性和高效性，为风险评估的普及提供了新的途径。比如采用 Visual Basic. NET 编程语言开发建筑消防安全等级评估软件，并将此软件用于武汉某大型商场的火灾风险评估中，取得了与计算相同的结果。

火灾风险评估是一门综合性学科，不仅涉及消防理论，还涉及经济、社会等多门学科，目前对火灾风险评估结果的应用也逐渐增多，越来越多的人加入评估研究中。在风险评估上，目前很多学者都已经意识到火灾风险评估更多依据模糊、不确定因素，进行处理后，给出具体的决策意见。在实际研究过程中，火灾风险损失研究及发生概率研究是重要研究方向。从整体上说，火灾风险评估中的指标体系构建、评估方法的选择与应用、火灾危险源数据库的构建、火灾影响因素、火灾发生时的严重度评价等都是研究重点。

3. 国内建筑火灾风险评估方法应用现状

相对于一些发达国家，我国火灾风险评估的研究历程较短，到目前为止还未能形成一套有效并被广泛运用的火灾风险评估方法。我国目前比较通用的火灾风险评估方法如下：

1）安全检查表法（SCA）。该方法是我国目前应用最广泛的火灾风险评估方法。该方法是一种典型的定性分析方法，基于对评价对象进行科学的分析，以表格的形式拟订用于查明其安全状况的"问题清单"。

2）预先危险性分析法（PHA）。该方法主要从建筑物设计开始的阶段，对可能存在的火灾风险类别、后果等进行概略分析而形成的一种宏观概略分析。

3）事件树分析法（ETA）。该方法将火灾事件发展过程中的各种途径和可能的状态，形成一个水平放置的树形图，将各因素按照时间顺序排列，再赋予各因素发生的概率，从而计算最终时间的概率。

4）事故树分析法（ATA）。该方法基于一定的逻辑关系，分析与火灾事件有关的现象、原因、结果及这些事件的逻辑组合，从而找到避免事故的措施和方法。

除了以上几种方法，我国目前针对火灾风险评估的方法还有层次分析法（AHP）、模糊综合评价法（FCE）、对照规范法、经验系统化分析法、系统解剖分析法、逻辑推导法、火灾过程计算机模拟法（火灾模块法）、风险指数法、城市区域火灾风险评价法等。

我国目前各评价方法在指标选取、定量依据方法等方面没有取得一致，半定量、定量方法尚未得到推广，因此采用得最多的仍然是传统的安全检查表法，对照规范评定方法逐项检查。我国火灾风险仍集中在定性和半定量分析上。因此，我国火灾风险评估的发展方向是由定性到半定量、定量努力。

我国现行火灾风险半定量评估方法大多较为复杂，涉及较复杂的理论基础，部分模型在进行定性与定量转化的过程中需要引入大量的计算，对古建筑管理部门来说，推行的难度较大。因此，需要设计一个科学合理、应用简便的古建筑火灾风险评估体系，降低古建筑火灾风险。

3.1.3 火灾风险评估的一般程序

1. 火灾风险评估的目的与内容

1）目的

建筑火灾风险评估的目的一般包括以下两个方面：

（1）查找、分析和预测建筑及其周围环境存在的各种火灾风险源，以及可能发生火灾事故的严重程度，并确定各风险因素的火灾风险等级；

（2）根据不同风险因素的风险等级，提出有针对性的消防安全对策与措施，为建筑的所有者、使用者和消防主管部门制定相关消防决策提供参考依据，最大限度地消除和降低各项火灾风险。

古建筑防火设计评估最终应该达到的安全目标如下：

①防止起火及火势蔓延，减少财产损失。

②保证安全疏散，确保生命安全。

③保护建筑结构不致因为火灾而被破坏或波及邻房。

④为消防救援提供必要的设施。

为此，防火安全设计应该对建筑固化、结构耐火性能、防火区划、内部装修、防火设备、防排烟系统及避难对策等做出综合考虑，最大的弱点是不能改变古建筑园圃的面貌。

2）内容

建筑火灾风险评估的内容，根据分析角度不同而有所不同。从建筑功能来看，包括人员疏散安全的评估、建筑结构安全的评估、消防灭火救援力量的评估等；从空间范围来看，包括建筑局部区域的评估、建筑周边环境的评估和整个建筑的评估；从时间角度来看，包括建筑设计方案的评估、建筑使用前的验收评估及建筑使用现状的评估。但是，从评估的具体工作内容来看，一般包括以下几个方面：评估范围的确定；相关信息的采集；评估方法的选择；火灾风险的计算；安全措施和建议；评估报告的编制。

2. 火灾风险评估的流程

根据评估目的和评估内容的不同，建筑火灾风险评估的流程也不尽相同，但是通常都包含以下几个步骤：

1）信息采集

在明确火灾风险评估的目的和内容的基础上，收集所需的各种资料，重点收集与建筑防火安全相关的信息，包括以下几方面。

（1）建筑概况：包括建筑位置、功能布局、可燃物性质与分布、人员特点与分布、运营管理流程等。

（2）周围环境情况：包括建筑周边消防车道的布置、消防水源的位置、灭火救援的进攻路线、与邻近建筑物的间距，以及室外疏散场地的设置等。

（3）消防设计图纸资料：与建筑消防安全相关的总平面图、消防各项专业设计图纸与消防设计说明等。

（4）消防设施相关资料：各消防设施的性能参数。

（5）火灾事故应急救援预案：包括火灾报警信息处理流程、人员疏散组织流程等。

（6）消防安全规章制度：包括消防安全管理的组织机构、消防安全管理原则、现场应急处理原则和程序、消防设施的维护保养、消防检查和演练等。

（7）相关检测报告：包括消防系统检测报告和消防器材报告等。

2）火灾风险源识别

通过资料分析和现场勘察，查找评估对象的火灾风险来源，确定其存在的部位、方式，以及发生作用的途径和变化规律。然后根据所采集的信息，主要从以下几个方面入手，分析与建筑火灾风险相关的各种影响因素：建筑历史情况；火灾危险源；建筑防护；人员疏散；消防安全管理；消防力量。

3）评估指标体系建立

根据确定的评估目的，在火灾风险源识别的基础上，进一步分析导致火灾隐患的影响因素及其相互关系，突出重点，选择主要因素，忽略次要因素。然后对各影响因素按照不同的层次进行分类，形成不同层次的评估指标因素集。评估指标因素集的划分应科学合理、便于实施评估、相对独立且具有明显的特征界限。

4）风险分析与计算

根据不同层次评估指标的特征，选择合理的评估方法，按照不同的风险因素确定风险概率，根据各风险因素对评估目标的影响程度，进行定量或定性的分析和计算，确定各风险因素的风险等级。

5）确定评估结论

根据评估结果，明确指出建筑设计或建筑本身的消防安全状态，提出合理可行的消防安全意见。

6）风险控制措施

根据火灾风险分析与计算结果，遵循针对性、技术可行性、经济合理性的原则，提出消除或降低火灾风险的技术措施和管理对策。

3. 砖木结构古建筑火灾风险评估体系构建

建筑火灾中的危险源一般具有决定性、可能性、危害性和隐蔽性的特点。古建筑的建筑材料、室内外存放物品及地理位置存在特殊性，影响火灾风险的因素中有大量是长期固定存在的，如香火和油灯等，火灾事故的发生点具有偶然性，而火灾风险评估的主要任务是全面识别系统中存在的火灾风险因素，确定火灾可能发生的位置，并对其影响程度做出科学合理的评估，确定该区域的火灾风险态势，为评价古建筑火灾风险等级及修复过程中的防火设计奠定基础。

1）危险源辨识

危险源辨识是将火灾风险因素分类并确定其特征的基础过程，同时也是一个将多种互相关联的因素科学结合起来的多层次复杂分析过程。古建筑由于分布密集且多为砖木结构，室内外可燃物种类多、质量大，因此建筑火灾荷载密度远远超过建筑火灾荷载密度容许值。在危险源的辨识过程中，不仅要对可燃物进行一定程度的识别，还应综合考虑隐性的、潜在的因素，如火灾荷载密度值相对较小的场所，火灾危险性未必小；反之，火灾荷载密度值相对较大的场所，需综合考虑该处消防设施配比情况，随后判定该处的火灾危险性。该类隐性的、潜在的因素种类较多，需要多次进行实地调研，总结归纳。

古建筑中关于危险源的辨识方法可分为以下五种：

（1）基本分析法

根据古建筑的地理环境、建筑特色、消防管理薄弱点确定危险源的位置，通过实地调研准确洞悉古建筑保护现场、保护方式，向当地管理人员及居民询问相关火灾信息、查阅相关记录获取关于建筑群的有效信息。

（2）状态安全分析法

参与调研的成员作为分析组成员，在调研过程中根据古建筑的现有状态进行分析，对可能遇到的危险及观察到的火灾风险进行记录归纳。

（3）安全检查表法

根据有关规范、标准、指导准则及现有研究成果对古建筑群体系进行系统性划分，对各个层次的不安全因素分类归纳整理，总结不符合相应规定并且有助于火灾发生的危险源，确定检查项目，按照系统组成将检查项目分门别类，有序地制作安全检查表格。

（4）预先分析风险法

根据同类型古建筑火灾发生史对古建筑体系中存在的火灾风险类别、火灾发生条件、火灾发生后果进行简略分析，定位危险源，以火灾动力学理论为基础，应用火灾动态仿真模拟软件 Thunder Engineering Pyrosim 进行多场景火灾模拟分析，结合后处理程序 Smokeview 查看火灾发生过程及演变状态，预先分析火灾发生危险源的识别方法。

（5）危险及可操作性分析法

根据规范及标准寻找建造工艺所涉及的危险源（如修缮过程中的木制脚手架、装修时使用的易燃油漆涂料等），对古建筑在修缮和使用维护阶段暴露出的危险源进行严格审查与控制，防止因修缮及维护阶段控制管理不当造成与设计目标偏离产生的次生危险源。

2）危险源分类

（1）按照直接原因

按照构成火灾发生条件的直接原因进行分类，导致古建筑发生火灾的直接原因可分为五类，各类别具体内容见表 3-1。

表 3-1 构成火灾发生条件的直接原因

类别	危险源
物理危险源	设施缺陷，如防护装置缺陷、防护距离不足等
	电危害，如电线裸露、漏电引起的电火花、雷电等
	火灾荷载密度大，如易燃材料堆放、木制构件多等
	明火，如燃烧物长时间点燃
	信号不良，如监控系统信号传递不准、无信号、标志位置不明、标志不规范、缺乏指引标志等
化学危险源	易燃易爆物品，如液化气、油等
	自燃物品，如已燃香等
	腐蚀性物质，如腐蚀性气体、液体、固体及其他腐蚀性物质
	其他化学危险源
生理、心理危险源	人体负荷超限，如火灾发生时的视力超限、体能超限、听力超限等
	建筑内人的心理异常，如发生火灾时的过度紧张、情绪激动等

类别	危险源
行为危险源	指挥错误，如发生火灾时管理人员指挥不当等
	操作错误，如前期扑救时扑救人员经验不足导致的误操作及操作失误等
	监护失误，如值班室无人监控、无效监控等
其他危险源	如古建筑周边发生火灾带来的影响

（2）按照影响因素

按照导致火灾事故发生的影响因素，总结 13 类一级影响因素，各级别影响因素见表 3-2。

表 3-2　致灾因素分级确定

一级因素	二级因素
心理、生理性危险因素	体力、视力、听力等负荷超限因素
	健康状况异常因素
	情绪过度紧张等心理异常因素
	感知延迟等辨识功能缺陷因素
行为性危险因素	违章、指挥不当等指挥错误因素
	误操作、违章作业等操作错误因素
构件缺陷因素	扭曲、裂缝、腐蚀等外形缺陷因素
	强度、刚度、稳定性等承载能力削弱因素
	含水率因素
易燃物体因素	木制品、纸等室内外易燃固体因素
	易燃液体、压缩气体因素
防护缺陷因素	防护装置、设施欠缺因素
	防护距离欠缺因素
电伤害因素	带电部位裸露、漏电等因素
	电线私拉乱扯、无保护措施因素
明火、高温物质因素	炊烟、祭祀烛火等因素
标志缺陷因素	标志欠缺因素
	标志不清晰、不规范、选用不当因素

续表

一级因素	二级因素
室内环境因素	安全出口缺陷因素
	易燃物体积及数量因素
	储水不足因素
	监测系统不足因素
	检测系统不足因素
	消防系统缺陷因素
室外环境因素	气候因素
	群落道路因素
	群落出口数量因素
	水源因素
消防组织机构因素	消防点设置数量因素
	组织内责任因素
消防规章制度因素	日常培训、演习因素
	火灾应急预案与响应缺陷因素
人、物投入因素	人员投入因素
	消防设备投入因素

根据以上因素及《火灾防控技术指导意见》，制作调研信息统计表。根据信息统计表，可得到建筑结构特点、火灾危险源种类、消防设施等信息，便于初期评估要素的整理。

4. 危险源评估指标体系框架的建立

1）评估指标体系框架的建立原则及标准

（1）评估指标体系框架的建立原则

评估指标体系框架的确定要以危险源的分类为基础，要做到关键因素的不遗漏、统计信息的不重复，以客观性、科学性、可行性、精密性为建立原则。

（2）评估指标体系框架的建立标准

指标内容的范围标准不仅要涵盖引发古建筑发生火灾的灾害因子，更要涵盖消防管理中的良性因子，使框架体系更完善，进而使评估过程尽可能达到平衡，以防所得结果显示为火灾发生程度偏高，造成评估人员夸大结果，从而给管理人员带来恐慌。除此之外，需要结合调研过程中的实际情况，根据层次分析法对事物的分析逻辑将古建筑中的危险因素划分为不同的体系层次，使所统计风险因素的结构完整。

2）评估指标体系框架的建立

对致灾因素进行分类是建立评估指标体系的基础。本文结合危险源的分类以层次分析为基本理念，将古建筑危险源划分为三级因素体系层，以人的因素、物的因素、环境因素及管理因素为准则层，分析各类危险因素的组成及范围，将其细化为11个部分31个危险要素，建立古建筑消防安全评价体系层次框架，如图3-1所示。

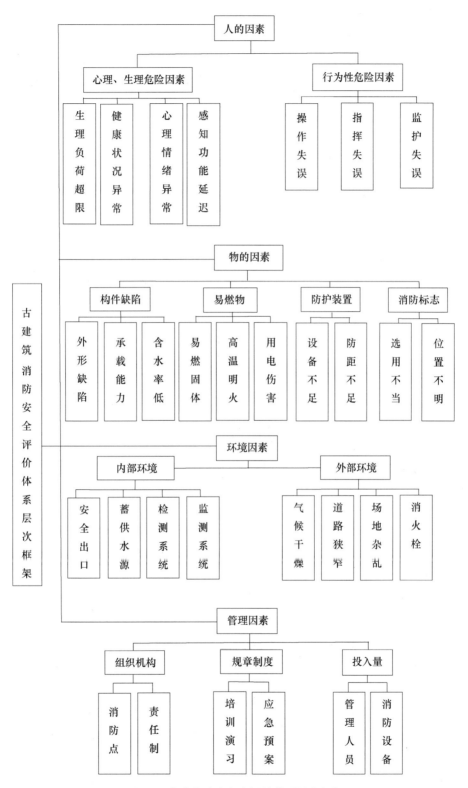

图 3-1 古建筑消防安全评价体系层次框架

体系中各类指标因素涵盖定性及定量的信息获取，其中定性的信息获取如人的心理及生理因素指标需评估人员模糊界定建筑内非管理人员对风险的感知能力及逃生能力，行为性危险因素需要考察管理人员的业务能力；定量的信息获取如含水率的统计需结合建筑内多处木质结构，对其进行多次测量经误差分析取平均值；防护装置信息的获取需确定其使用状态以判断其有效性。

5. 古建筑主要危险源及不利因素

1）主要危险源及不利因素

通过查阅相关资料，我们整理了1950年以来中国砖木结构古建筑大型火灾案件的起火原因，见表3-3。

表3-3 1950年至今中国砖木古建筑大型火灾案件汇总表

案发时间	古建名称	起火原因	直接损失	伤亡人数
1951-10-21	沈阳故宫大清门	电气短路	展览文物全部被烧毁	—
1952-06-02	国保单位清东陵	雷击起火	建筑全部被烧毁	—
1953-07-03	峨眉山接引殿	火炕温度过高	古建筑及文物被烧毁	—
1954-02-01	屏南县妈祖庙	燃放爆竹	神殿被烧毁	4死
1954-04-01	瑞安市仙岩寺	点燃香火	千佛阁及轩堂被烧毁	—
1957-07-31	十三陵长陵恩殿	雷击起火	—	1死4伤
1958-01-03	崂山白云洞寺庙	精神失常道士用火失控	5栋唐建殿宇被烧毁	—
1959-09-13	西安碑林大成殿	雷击起火	263件文物被烧毁	—
1959-09-25	曲阜市孔府	生活用火	一件清代建筑被烧毁	—
1960-10-24	黄岩县净土寺	吸烟	罗汉塑像被烧毁	—
1962-03-15	宁波市报国寺	生活用火	2栋殿宇被烧毁	—
1962-11-12	曲阜市孔林	焚纸烧香	1亩草滩被烧毁	—
1965-03-07	崂山市太平宫	吸烟	宋代古建筑被烧毁	1死
1968-11-03	易县清西陵	电气短路	昌陵及配殿被烧毁	—
1971-04-08	峨眉山寺庙	工作人员违章作业	8200m² 建筑被烧毁	1死
1973-04-24	九华山十王殿	社员放火	大殿及18尊佛像、22间房屋被烧毁	—
1974-01-09	峨眉山飞来殿	小孩玩火	2栋殿宇被烧毁	3死
1976-06-28	易县清西陵	雷击起火	5栋殿宇被烧毁	—
1980-12-13	涉县清泉寺	烧饭引燃柴火	4间大殿、85间配殿、30余块石碑被烧毁	—
1983-04-05	平顺县龙祥观	吸烟引燃苇草	殿宇全部被烧毁	—
1984-04-02	昆明市筇竹寺	香客烧香	塑像、壁画、石碑等全部被烧毁	—
1984-06-17	布达拉宫	白炽灯引燃哈达、帐幔	佛殿、8尊佛像、100余部佛经被烧毁	—
1984-11-25	兰州市城隍庙	居民电气线路起火	75间古建筑被烧毁	—
1990-01-25	同德县石藏寺	油灯引燃绸缎	两层木制经堂被烧毁	7伤
1993-11-03	巢湖市周家大院	—	20余间古建筑被烧毁	—

续表

案发时间	古建名称	起火原因	直接损失	伤亡人数
1994-02-14	玛曲县参知合四院	用火取暖	大量文物被烧毁	—
1999-02-16	温州姜氏祠堂	香烛引燃可燃物	祠堂被烧毁	10死6伤
2003-01-19	武当山古建筑群	—	3间正殿及文物被烧毁	—
2014-01-11	云南独克宗古城	电器引燃可燃物	古建筑核心区被烧毁	—
2014-01-25	贵州报京侗寨	—	975间房屋被烧毁	—
2014-04-06	云南丽江束河古镇	—	10间商铺被烧毁	—
2014-12-12	贵州久吉苗寨	—	286间木制房屋被烧毁	619伤
2015-03-27	甘肃兴隆山建筑群	节能灯线路短路	祖师殿及文物被烧毁	—
2015-08-09	贵州永兴古镇	经营性商户煎油失火	20间民房被烧毁	117伤
2016-02-22	云南丽江古城	—	2间民房被烧毁	—
2016-02-20	贵州剑河苗寨	墙面油漆助燃	60栋古建筑被烧毁	120伤
2017-05-31	高峰山古建筑群	电气线路短路	$728.9m^2$ 建筑被烧毁	1伤

从以上古建筑所发生的火灾中可以看出,明火、易燃物密度大、电气线路短路等是引发大火的主要因素,其中,明火占比为32.43%,易燃物密度大占比为18.92%,电气线路占比为13.51%,雷电占比为10.81%,其他原因占比为24.33%。基于此,课题组对相关古建筑进行实地调研,梳理了古建筑中主要的危险源及不利因素的构成,分类如下:

(1)明火、高温

建筑内正在燃烧的祭祀物品是引起火灾的重要源头,需要引起高度重视。通过调查研究发现,大多古建筑群内必有祭祀之地,如韩城市党家村贾家祖祠内,牌位供台上存在燃烧的祭祀用香,并呈现常燃状态。假设此处为危险源起火点,其周围易燃物、可燃物均会以最快的速度引燃,火灾影响范围极大。

(2)易燃木制构件

木制构件长期受到自然侵蚀,导致构件含水率较低、易燃,且多数存在裂缝,耐火能力差,当古建筑内存在明火时,建筑物内的木制构件会受到极大影响。因此,对木制构件的规格统计及含水率的测定是确定该类危险源性质的最佳方式。通过统计木制构件的规格进而确定构件的体积,木材的自重又因含水率而异,测定各个木制构件的含水率不仅可以确定木制构件的易燃程度,又可确定古建筑内固定的火灾荷载值。测量仪器主要由GM630感应式木材水分测量仪(Wood Moisture Meter)、卷尺、红外测距仪组成。

(3)建筑内外其他易燃制品

建筑内外其他易燃制品的识别根据预先风险分析的方法,假设建筑内(外)明火为火灾发生的起火点,依次识别明火周围易引燃物品。古建筑内易燃制品有别于现代建筑,除了建筑内木制构件外,室内外摆放的木制家具、布制品、纸制品等也是需要引起重视的危险源。除此之外,建筑内任意堆放的建筑垃圾、生活用煤、装饰装修易燃物品也是在调研期间发现的潜在火灾危险源,如图3-2所示。

图 3-2　潜在火灾危险源

（4）电气设备

若明火是导致火灾发生的直接因素，电气设备的置入又给原本防火能力薄弱的古建筑带来潜在的危险，因电气设备使用不当和管理不善引发的火灾不胜枚举。在对党家村第一、二次的调研中，观察到村内电线乱扯、老化线路的随意搭接、裸露的电线等不安全现象，如图 3-3 所示。

图 3-3　建筑物内外电线的不安全现象

（5）建筑构件损坏

古建筑大多使用年限已经超过容许使用期限，部分构件已经出现开裂、腐蚀的现象，如图 3-4 所示。对砖木古建筑而言，建筑内大多木制构件如梁、柱、门窗等多出现开裂的情况，含水率相对较低，与空气的接触面大，更易引燃。因此，建筑构件损坏程度越大，发生火灾时，整个建筑物的稳定性、耐火性越低。

图 3-4　建筑构件损坏现象

（6）室内外消防设备

为了保持古建筑的原貌，建筑内消防设施的种类设置也受到了一定程度的限制，经调查研究发现，古建筑内最常见的消防设备多为可移动式灭火器、固定的消防栓、太平缸、装有沙子的消防桶、监控装置系统、烟雾报警装置系统等，很少有安装现代建筑自动消防设施的情况，如雨喷淋装置、防火卷帘门等。因此，古建筑内消防设备的投入量、型号、是否为有效使用状态、摆放位置、更换频率等在火灾风险评估中都是不可缺少的考量因素。

（7）公共消防设备投入

古建筑大多为砖木结构，火灾荷载大，耐火等级低，是否有消防站或消防宣传点的设置就显得尤为重要。以党家村为例，村东南角的文星阁为砖木结构，高37.5m，造型突兀，有遭遇雷击引发火灾的可能，但其周围并未发现防雷设施。古建筑公共消防设备除以上所提之外，还应有：紧急避难场所，以供无救火能力的人群进行紧急避难；公共蓄水池，以作消防用水储备；防火墙，以及时隔绝火源。党家村内无明显标志的紧急避难场所，村内道路狭窄曲折，高低不平，且无明显的走向标识，一旦发生火灾，游客不能及时准确地寻找到避难处，因此，公共消防设备的投入量及投入方式也是古建筑发生火灾时是否能够及时灭火的关键。

（8）公共消防管理

公共消防管理工作不仅体现在公共安全消防设施上，还体现在消防管理人员的配备及管理能力上，如消防管理人员是否定期检查消防设施、电气线路，是否进行过消防演习，是否建立消防档案等。以党家村为例，村内各个开放式景点并无专职人员值班看守，虽然景区内各处均配有枪式网络摄像机，但由于村子跨度较大，室内监控人员抵达着火地点的时间较长，且村内没有明显的疏散指示牌，火灾突发时，人员不能有效疏散。

（9）外部环境及地理环境

古建筑巷道大多狭窄曲折，各个房屋之间间距极小。党家村内最窄巷道约为1.4m，仅允许两人同时穿过，一旦发生火灾，消防车难以驶入进行及时扑救，若遇气候干燥，极易发生火灾，造成无法挽回的损失。党家村最近的水源为村落南边相距3.5km的黄河支流——泌水河，车辆无法驶入村落，无备用消防栓，短时间内无法迅速集中补给水，仅靠居民生活用水并不能满足消防需求。因此，外部环境及周边条件也是火灾风险评估中的关键指标因素。

（10）人员危险因素

古建筑因具有欣赏价值和祭祀价值吸引了众多游客，游客的年龄跨度大、健康状况不一，火灾发生时心理承受能力及身体耐受能力存在较大差异，游客的安全状态为需要考虑的人员危险因素。此外，管理人员的指挥能力和灭火人员的救援能力也是判断游客危险程度及建筑物危险程度的参考因素。

2）危险源评估指标归类

根据消防安全评价体系层次框架，将以上10种古建筑主要危险源及不利因素归类，见表3-4。

表 3-4　古建筑致灾因素考察范围确定

标准层	致灾因素	考察范围
人的因素	人员危险因素	游客年龄分布
		救援人员行为危险
物的因素	建筑构件损坏	外形缺陷（扭曲、裂缝、腐蚀等）
		承载能力（强度、刚度、稳定性）
	明火、高温物质	炊烟、祭祀烛火等
	易燃木制构件	含水率（梁、柱、门、窗等）
	建筑内外其他易燃制品	木制家具、布制品、纸制品等
	现代电气设备	使用不当（带电部位裸露、漏电等）
		管理不善（私拉乱扯、无保护措施）
环境因素	室内外消防设备投入	移动式灭火器、消防栓、太平缸等
	公共消防设备投入	消防站或消防宣传点的设置
		紧急避难场、蓄水池等
	外部环境及地理环境	群落交通狭窄
		端巷数量
		周边条件
管理因素	公共消防管理	消防规章制度不完善
		消防管理人员配备数量
		消防管理人员业务能力

3.2　建筑火灾风险评估方法分类及特点

在火灾风险的相关研究中，建立火灾风险分析技术模型能够实现对建筑物火灾风险分析中单个环节的深入评价，能够向风险管理者及决策者提供其管辖范围内所面临的火灾发生可能性或概率值。目前，国内外正在研发并应用的关于火灾风险评估的方法有二十余种，按照其评估过程的复杂性和准确性大致可划分为定性分析评估法、定量分析评估法和半定量分析评估法。科学的火灾风险评估拥有双重性的规律，既要考虑确定性规律又要考虑不确定性规律，也即模糊性规律。对古建筑而言，其火灾风险评估的发展应具有以下趋势：1）建立评估危险源的指标体系和科学的量化方法，利用模糊数学的概念和信息扩散理论建立基于不完备样本的古建筑火灾风险评估模型；2）利用大数据技术，综合考虑古建筑的地理因素、环境因素、人文因素，建立基于性能化防火的动态风险评估模型。该部分内容将对基本的火灾风险分析技术模型及方法进行梳理，分析各类方法或模型的特性，使其与古建筑的特征相结合，确定适用于古建筑的火灾风险评估模型。对模型计算评估结果得出的"不可容许火灾风险"及火灾危险发生性较大的古建筑，是古建筑当地消防管理部门控制与管理的核心。

3.2.1 定性分析评估法

定性分析评估法主要是针对相关对象进行风险因素分析及检查，并针对分析对象进行初步风险估计。一般而言，定性分析方法往往只能识别风险较大的对象，对具体风险等级无法评估。接下来介绍几个常见的定性分析方法。

1. 安全检查表法

安全检查表（Checklist）法的核心在于检查表，检查表中必须包含对象、子对象的主要检查要点及相应的危险因素，具体而言，其主要涉及检查内容、检查处置意见、检查地点等详细内容。

安全检查表法是借助经验和专业人员的消防知识编制检查表的一种火灾风险评估方法。通过将被检查对象根据不同的危险因素进行系统化分解，参照规范、技术标准、安全制度，对类似火灾事故资料的分析而制作，检查表一般以"是"或"否"来进行判定，其结果可确定潜在火灾危险源，也可对所调查区域内消防安全管理工作做出不同程度的判定。其操作顺序为：编制检查表；实地检查；分析结果。

其优点：具有简捷、全面、高标准化、高时效性的优点，便于现场操作人员和现场管理人员的理解与使用。该方法具有普适性，适用于各类建筑主体，可根据不同类型建筑定制，即对遗漏之处或多余之处进行增加和删减，且在修改之后不影响对其他消防因素的分析。

其缺点：编制内容繁杂、较易漏项，工作量大，对编制人的经验和专业能力要求较高。虽能全面识别火灾危险因素，但无法对检查结果进行量化处理，难以确定各类危险因素对建筑安全的影响程度。

2. 对照规范评价法

对照规范评价法是根据现行的"处方式"消防规范对建筑的防火设计逐条审核和对已建成建筑物的防火设施逐条检查的一种火灾风险评价方法，适用于消防监督管理部门的人员使用。其操作顺序：熟悉规范；编制检查内容；图纸检查与评价；提出整改意见。

其优点：具有科学、简单、规范的优点，能够依据现行条例对建筑物进行评价。

其缺点：受评估对象的选择范围小，适用性较弱，对具有特殊属性的建筑物难以适用。

3. 预先危险分析法

预先危险分析法（Preliminary Hazard Analysis）主要针对分析对象的可能火灾风险加以分析，并对可能出现的风险结果进行罗列。这是一种宏观风险分析方法。

预先危险分析法是在熟悉建筑系统的情况下预先辨识危险因素、识别危险转化条件、确定危险程度进而制定安全措施的一种评估方法，分析重点主要集中在所研究区域的主要危险源上，主要防范措施也为主要危险源设计，其分析结果将为标准规范的制定提供必要的基础。其评价顺序如图 3-5 所示。

危险等级可分为以下四个级别：

一级：安全的、可忽视的。它不会造成人员伤亡和财产损失，以及环境危害、社会影响等。

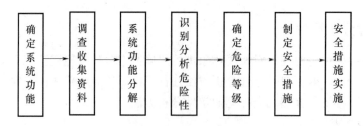

图 3-5　预先危险分析法评价顺序

二级：临界的。可能降低整体安全等级，但不会造成人员伤亡，能通过采取有效消防措施消除和控制火灾危险的发生。

三级：危险的。在现有消防装备条件下，很容易造成人员伤亡和财产损失，以及环境危害、社会影响等。

四级：破坏性、灾难性的。造成严重的人员伤亡和财产损失，以及环境危害、社会影响等。

预先危险性分析结果可列为一种表格（表 3-5）。火灾风险定性评估的最终结果以风险等级表征。火灾风险等级确定主要是针对那些易发生火灾的关键部位，确定出减少和清除发生的可能性及发生后损失的最佳方法。表 3-6 和表 3-7 摘录自澳大利亚西兰防火标准，分别给出定性后果分级和频率分级，由定性后果和频率的等级可以得到定性风险矩阵模型，见表 3-8。

表 3-5　预先危险性分析表格形式

1	2	3	4	5	6	7	8	9
引发火灾事故的子事件	运作形式	故障模式	概况估计（基于经验）	危害状况	影响分析	危险等级	预防措施	确认

表 3-6　结果的定性分析

等级	描述词	描述词的详例
1	无关紧要	无人受伤，低经济损失
2	较小	患者急救处理，中等经济损失
3	中等	伤者需要医疗救护，较大经济损失
4	较大	伤者较多，很大的经济损失
5	灾难	有人死亡，巨大的经济损失

表 3-7　概率的定性分析

等级	描述词	详述
A	基本确定	在大多数情况下会发生
B	很可能	在大多数情况下可能发生
C	可能	在某一时刻会发生
D	不太可能	在某一时刻可能会发生
E	几乎不可能	异常情况下会发生

表 3-8　定性风险矩阵模型

可能性	造成后果				
	无关紧要 1	较小 2	中等 3	较大 4	灾难 5
A	H	H	N	N	N
B	M	H	H	N	N
C	L	M	H	N	N
D	L	L	M	H	N
E	L	L	M	H	H

其中：N 为风险极大，需要立刻采取行动；H 为风险性高，需要引起上级的高度重视；M 为中等风险性，需要指定人员负责处理；L 为低风险性，需要日常定期维护管理。

其优点：具有简捷、先行、经济的优点，常在系统开发的初期阶段，对可能出现的危险及可能造成的后果进行预先分析，提前采取措施排除故障，降低潜在的危险，避免在建筑系统的中期因对潜在危险源的考虑不周而造成巨大的损失。

其缺点：在评价人员对建筑系统的熟悉程度上要求较高，分析程度不够深入，具有一定的宏观性，且容易过度依赖经验，准确度受评估人员主观因素的影响较大。

4. 专家调查法

专家调查法也叫专家会议法，是专家们根据个人经验与专业能力通过调研对所研究对象做出风险评估及预测的一种方法。近年来，我国信息研究机构常常使用该方法为政府、企业和高校提供许多可靠的研究报告，为一些重大决策提供了重要的依据。虽然国外许多政府和企业建立了强大的数据库，但实践依然证明计算机是无法取代专家们因多年经验和专业水平而独有的直观判断能力，在多数特殊研究中，只有专家才能给予可靠的评估。其实施步骤：1）选取小组成员及主持人；2）拟订调查提纲；3）轮番征询意见；4）整理调查结果。

其优点：该方法无须建立复杂烦琐的数学评估模型，而且能够在数据缺乏、没有历史事件可供参考的情况下依然可对评估对象做出有效预测，对超规范的建筑，如这里所研究的古建筑，专家的判断往往就是可靠的评估依据。网络技术的发展使专家调查法不受交通和时间的限制，变得更加容易。

其缺点：该方法由于是专家们面对面无匿名进行讨论研究，部分专家可能由于某些特殊因素无法真实表达自己的观点，因而专家表达的意见不全面，具有一定的局限性。

3.2.2　定量分析评估法

随着性能化防火设计的发展，人们需要更精确的火灾风险评估方法。定量分析方法已成为近年最引人注目、发展最快的火灾风险评估方法。定量风险评估方法以系统发生事故概率为基础，进而求出风险，以风险大小衡量系统的火灾安全程度，所以也称概率评价法。该方法需要依据大量数据资料和数学模型，所以，只有当用于火灾风险评估的数据量较充足时，才可采用定量评估方法进行火灾风险评估。定量分析综合考虑建筑物发生火灾事故的概率及火灾产生的后果，所得计算风险值可以直接与风险容忍度进行比较，也可以对不同建筑物或同一建筑物的不同区域或不同消防方案进行比较研究。

1. 火灾风险定量评估的一般步骤

定量风险评估主要内容和主要步骤如下：

1）定义系统/问题，并选择方法

系统界限和系统水平会对风险分析的步骤和方法的选择产生重要影响，首先必须回答分析涉及的范围和问题。为给一个系统建模，必须了解系统的功能、组成，以及对系统进行操作、检测、维修的程序。此外，还应确定系统与其他有关联的系统及物理环境之间的关系，也就是要确定物理的和功能的边界条件，在此基础上明确所要分析的系统及面对的问题。

具体的风险评估的范围及特点受到多种因素的影响，其中的主要因素有以下几点：

（1）风险分析的目的，如选择设计方案、检验对象是否满足安全准则要求等。

（2）对象的新颖程度和复杂程度。

（3）对象所处的工程阶段，如设计、建造、运营、维修等。

（4）风险类型，对工程师们感兴趣的风险或公众敏感的问题要进行详细分析。

（5）对分析结果置信度的要求。

（6）时间和预算的限制等。

对大型的复杂系统，为易于进行风险评估，可以将大系统分成若干个子模块进行分析。这种子模块可以是一个区域如主机房，也可以是一种操作或一个具有特定功能的子系统如消防系统，还可以是一种典型的风险等。每一模块可以单独进行分析，并最终加以综合，形成对全部风险的整体描述。

2）危险源识别

这一步的目的在于找出所有可能的危险，这些潜在的危险往往是导致系统发生严重事件的诱因（触发事件），其中某些危险本身可能就是严重的事件。用于识别危险的方法有 HAZOP、FMEA 等，但没有一种方法可以保证能进行彻底地识别危险源，而只能依赖于良好的工程判断力和丰富的经验相结合。

3）原因及后果分析

原因分析的目的是估计每一种危险产生的原因及其发生的概率。这一步建立在观测记录、事故调查报告、统计资料和工程经验的基础之上，可以直接从以往的统计资料得到，也可以通过故障树分析来建立危险产生的逻辑模型，进而找出详细的原因并计算危险发生的概率。对一些特殊问题，诸如动态过程或人的行为，需要用一些特殊的方法。

后果分析是要找出由于某种触发事件导致严重事故的发展历程，形成对每一种事故的描述，并估计每一事故情况的发生概率及可能造成的严重后果。在描述事故情况方面，事件树分析是常用的有效方法，它的每一分支代表了一种事故情况。

在因果分析过程中，对那些发生可能性很小而且可能造成的后果又很轻微的危险因素，应在进一步分析之前及时排除，减少不必要的工作。

4）系统风险的估算

系统总体的风险评估要通过综合原因分析和后果分析这两者的结果来进行，一般来说应当建立起对系统风险损失的概率描述。对重要的不确定性因素应该进行敏感度分析，这与系统可靠性分析中的敏感性分析不同，在风险评估中的敏感性应该是针对后果的。事件产生的后果可以分为经济损失、人员伤亡、环境破坏、对公众的影响等。有的后果可以用量化指标来衡量，有的只能用定性的方式衡量，如意外事故对公众的影响程度：一次造成 10 人死亡事故的公众影响度肯定大于每次造成 1 人死亡的 10 次事故。

5）结果输出

风险评估的结果以图表（如 farmer 曲线、风险矩阵）、报告等形式给出。风险评估的结果应该可以提供如下信息：设计方案是否满足一定的风险准则；评价不同设计方案的风险水平，通过比较做出选择；找出影响系统风险的主要因素，并且提出改进意见；对系统设计的某种变化做出关于风险的评价等。

2. 几个常见的定量分析方法

1）火灾风险指数法

火灾风险指数法是指专家根据经验与判断将建筑物所有的火灾特性参数进行模糊打分赋值，征集消防专家的意见，采用 Delphi 法对权重进行归一化赋值，由相关函数计算出火灾风险指数，进而得出所研究区域的人员风险、建筑风险及财产风险，判断建筑物的安全等级。其评估步骤为：（1）确定火灾风险的决策层；（2）描述决策层的参数属性；（3）属性权重的赋值；（4）划分数值标度；（5）考核项目。

其中，确定决策层不同参数权重 w_i 的公式如下：

$$S_j = \sum_{i=1}^{n} w_{1,i} P_i, \sum_{i=1}^{n} w_{1,i} = 1 \tag{3-1}$$

决策层与参数的关系如下：

$$S = W \times P = \begin{pmatrix} w_{1,1} & \cdots & w_{1,n} \\ \vdots & \vdots & \vdots \\ w_{m,1} & \cdots & w_{m,n} \end{pmatrix} \begin{pmatrix} P_1 \\ \vdots \\ P_N \end{pmatrix} = \begin{pmatrix} S_1 \\ \vdots \\ S_N \end{pmatrix} \tag{3-2}$$

目标与决策层之间的关系如下：

$$O = B \times S = \begin{pmatrix} B_{1,1} & \cdots & B_{1,m} \\ B_{2,1} & \cdots & B_{2,m} \\ B_{3,1} & \cdots & B_{3,m} \end{pmatrix} \times (S_1, S_2, \cdots, S_m) = \begin{pmatrix} O_1 \\ O_2 \\ O_3 \end{pmatrix} \tag{3-3}$$

火灾风险指数法具有深入、灵敏、精准的优点。计算所得评估结果与其他评估方法所得结果相比较，在无法深入分析建筑物成本效益的情况下，火灾风险指数评估法尤其有用。当建筑物的火灾风险较低不宜发掘时，火灾风险指数法对应的评估等级较高，界定实际风险的相对灵敏度和精准度也高。

火灾风险指数法的缺点：火灾风险参数由防火专家根据经验赋值，仅代表某专家组意见，若想获得精准结果，该方法需要耗费较多的人力和时间。

2）FDS 分析法

FDS 分析法是通过精准定位建筑内各个着火点对火灾场景进行设计的一种火灾动力学数值模拟分析法。该方法可对火灾的发生、烟气的蔓延进行动态模拟，模拟结果将火灾发生时温度与时间的关系、一氧化碳浓度与时间的关系、能见度与时间的关系、测点风速与时间的关系用变化的曲线表示，通过与《消防工程师指南》和《建筑防火性能化设计》等一一比较得到火灾风险评估结果。起火位置可根据热源或可燃物来定位，场景设定不宜过多，否则将导致整个评估过程任务烦琐不易完成，火灾增长类型的选取需根据可燃物的燃烧特点来确定。目前，FDS分析法一半应用于室内烟气控制系统的设计和火灾探测器启动方面的研究，另一半应用于公共民用建筑及工业建筑火灾模拟重建方面的研究。

FDS分析法优点：具有精密、准确、仿真度高的优点，在热释放速率、辐射热传导方面提供精确的计算，为古建筑的火灾风险提供了定量的、性能化的评估途径。

FDS分析法缺点：在火灾场景的确定上，往往将严重的火灾危险源作为火灾场景选取的标准，对动态的过程、已安装控制系统的建筑、人员行为等问题无法完全考虑在内，不能从整体上对建筑群进行火灾风险评估。

3）事件树分析法

事件树分析（Fault Tree Analysis）法是逻辑分析法的典型代表，既可应用于单场景又可应用于复杂场景。该法通过演绎火灾事故开始，以总-分的形式分析各个层次之间的逻辑关系，由事故发生的结果倒推起因，逐层分解到不能分解为止，找出导致火灾发生的主要原因，最终形成一个二维的平面树状图。

事件树最初用于可靠性分析，它是用元件可靠性表示系统可靠性的系统方法之一。事件树分析法是一种时序逻辑的事故分析方法，按照事故的发展顺序，将其发展过程分成多个阶段，一步一步地进行分析，每一步都从成功和失败两种可能后果考虑，直到最终结果为止。所分析的情况用树状图表示，故叫事件树。事件树分析法可以定性地了解整个事件的动态变化过程，又可以定量计算出各阶段的概率，最终了解事故的各种状态的发生概率。事件树分析的理论基础是系统工程决策论。决策论中的一种决策方法是用决策树进行决策的，而事件树分析则是从决策树引申而来的分析方法，即利用决策树进行决策。

事件树分析的基本程序，可概括为如下4个步骤：

（1）确定系统及其构成因素，也就是明确所要的对象和范围，找出系统的组成要素子系统，以便展开分析；

（2）分析各要素的因果关系及成功与失败的两种状态；

（3）从系统的起始状态或诱发事件开始，按照系统构成要素的排列次序，从左向右逐步编制与展开事件树；

（4）根据需要，可标示出各节点的成功与失败的概率值，进行定量计算，求出因失败而造成事故的"发生概率"。

事件树分析法优点：该方法建立在概率论和运筹学的基础之上，能够详细查明事故发生的原因，通过对危险因素的概率计算，根据各项因素的致灾程度确定安全管理措施的重点和先后顺序。

事件树分析法缺点：事件树的编制因工作量大且复杂，比较容易导致编制失真，且不同人员所编制的事件树及分析结果有所差异。

3.2.3 半定量分析评估法

半定量分析评估法主要针对火灾风险性进行相对性分析，评估对象火灾发生的概率。半定量分析主要以分级系统作为基础，并依据相应的方法给予指数复制，结合相关方法形成具体风险等级。此方法也被称为火灾风险分级法。

1. 火灾风险等级分析基本过程

建立火灾风险等级评估方法的数学基础是层次分析法、多属性决策方法（Multi Attribute Decision Making，MADM）和 Delphi 专家系统。Watts 是将层次分析法、多属性决策方法应用到火灾安全工程领域的开创者，依据此方法进行火灾风险分析一般有五步，因此也被称为 Watts 五步法。根据 Watts 五步法，必须充分收集大量的数据来维持其有效性。即使评估包含标准和可接受水平，也必须进行校准。

步骤 1：描述和确定建筑群火灾风险评估中各种火灾安全属性。

所有的属性必须全部确定出来，可以通过检查表等方法研究哪些因素影响特定目标的火灾安全性能。中心问题是要明确影响具体火灾安全目标的关键因素。

步骤 2：对每一属性赋一个权重值。

步骤 3：确定对每一建筑物的每个属性的赋值方法。

在步骤 2 和步骤 3 中，改善了对每个属性的重要度和属性分配值的方法。当每座建筑物的这个值相同的时候，权重对特定的建筑群也相同（医院、公寓房等）。

步骤 4：选择评价模型。

步骤 5：验证和校准评估程序。

2. 目前常用的半定量方法

1）模糊评估法

模糊评估法是将模糊分析与综合评价理论相结合，以模糊数学为基础根据待评价建筑中导致火灾发生的影响因素，建立系统模糊评价指标集，确定各个指标的无量纲特征值，选择综合评估模型的一种方法。模糊处理的方法在某种程度上减少了人的主观影响，在基础数据缺乏的情况下结合灰色评价可以得到较为精确的评估模型，截至目前，该方法在我国消防科学研究中得到广泛的应用。

假设每个等级的隶属度为 r_{ij}，建立模糊关系矩阵：

$$R = \begin{bmatrix} r_{11} & r_{12} & \cdots & r_{1m} \\ r_{21} & r_{22} & \cdots & r_{2m} \\ \vdots & \vdots & \vdots & \vdots \\ r_{n1} & r_{n2} & \cdots & r_{nm} \end{bmatrix} \tag{3-4}$$

假设评价因素权重集合为 $A = [a_1, a_2, \cdots, a_n]$，建立评估模型得评估结果向量：

$$B = A \times R = A = [a_1, a_2, \cdots, a_n] \times \begin{bmatrix} r_{11} & r_{12} & \cdots & r_{1m} \\ r_{21} & r_{22} & \cdots & r_{2m} \\ \vdots & \vdots & \vdots & \vdots \\ r_{n1} & r_{n2} & \cdots & r_{nm} \end{bmatrix} = [b_1, b_2, \cdots, b_m]$$
$$\tag{3-5}$$

模糊评估法优点：具有较强的规律性和实用性。能够运用模糊集使元素与集合之间隶属度的确定更加灵活，在处理多层次多因素的评估问题中具有将模糊性事物因素集合逐个进行量化的能力。

模糊评估法缺点：在确定评估指标权重时需要借助专家评判和层次分析等方法，不同区域专家评判的侧重点不同，可能导致某些因素隶属度较为分散。

2) 可拓物元评价法

可拓物元评价法是贯穿管理科学、自然科学和数学的交叉学科，通过构造评价体系框架，由经验丰富且专业知识扎实的消防专家确定各项定性及定量的指标数值，计算同级指标之间关联度，根据最大隶属度原则确定风险等级，从而确定建筑火灾风险隐患的一种火灾风险评估方法。

可拓物元评价法优点：该方法融合各类学科，应用广泛，具有动态评估的优点。

可拓物元评价法缺点：采用专家打分法确定定性指标量值及权重，定量指标的经典域则通过研究人员对测量结果进行确定，需要专业能力极强的消防专家进行实地勘测定值，操作过于烦琐且不具有普适性。

3) 层次分析法

层次分析法是 20 世纪 70 年代初期由美国运筹学家 A. L. Saaty 教授提出，模拟了人的决策思维过程，运用层次分析法建立递阶层次模型，构造各层次判断矩阵，根据各个层次和总体层次之间的隶属关系进行排序的一种多准则、逻辑简单的决策评估法。

层次分析法优点：该方法对一些较为模糊复杂的问题做出简易的决策方法，同时运用了模糊集值方法对评价指标赋值，具有灵活实用的优点。由于古建筑的火灾风险因素多、酝灾环境层次结构较为复杂，因此也将层次分析法解决问题的思路应用到古建筑火灾风险综合评估指标体系的建立中。

层次分析法缺点：较复杂，在权重的确定方面受判断人员主观因素的影响。

3.2.4 Gustav 危险度法

Gustav 危险度法在 20 世纪 70 年代由 Gustav Purt 提出，通过分析火灾对建筑物的破坏、建筑内部人员及财产的损坏、火灾防控能力三个方面的程度指数，计算得出建筑物火灾危险度的一种火灾风险评估方法。建筑物的火灾危险度包括火灾对建筑本身的破坏和对建筑内人员及物质财产的伤害，其中，用 GR（建筑物火灾危险度）表示对建筑物本身的破坏，用 IR 表示对建筑内人员及物质财产的伤害，两方面的火灾危险度共同决定建筑的火灾危险度，其目的是找出建筑群内火灾风险较高处，便于建筑消防设施的选取和布置，使建筑消防设施做到合理配置并且能够物尽其用。可根据计算所得数值绘制火灾危险度分布图，根据 GR 和 IR 的不同对各个区域进行不同类型的消防保护处理，使建筑消防设施的配比做到最优化处理。

建筑物火灾危险度 GR 的计算公式如下：

$$GR = \frac{(Q_m C + Q_i) \ BL}{WR_i} \tag{3-6}$$

式中，Q_m 为可移动的火灾荷载因子；C 为燃烧性能因子；Q_i 为固定的火荷载因子；B 为火灾区域及位置因子；L 为火灾延迟因子；W 为建筑耐火因子；R_i 为危险度减小因子。

建筑物内火灾危险度 IR 的计算公式如下：

$$IR = HDF \tag{3-7}$$

式中，H 为人员危险因子；D 为财产危险因子；F 为延期因子。

建筑物火灾危险度综合分析，如图 3-6 所示。

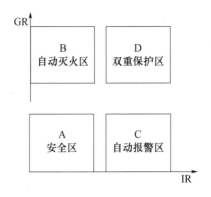

图 3-6 火灾危险度分布图

Gustav 危险度法优点：该方法对建筑物的火灾危险度（GR）和建筑物内的火灾危险度（IR）中各项因子的取值非常明确，易于评估人员根据实际调研数据进行分析计算，对于非研究型人员，操作方便，实用性较强。在计算公式中，充分考虑了建筑群内良性因子对火灾风险的影响，使评估结果更加准确。

Gustav 危险度法缺点：公式中影响因子的覆盖面不够广，其中某些影响因子的表达过于笼统，对于特殊建筑群无法直接应用。

3.2.5 评估方法对比

严格的定性分析评估是以叙述性质的文稿和定性的评估方法为基础，从而对建筑物发生火灾的可能性和后果的严重程度进行的一种简单描述，是人为主观性较高的一种方法，不同评估人员因其敏感度和侧重点的不同，会对同一建筑物做出不同的评估结果。严格的定量分析评估是以建筑物发生火灾的概率和火灾发生后具体的损失为基础，进而对建筑物的火灾风险进行计算，以此来衡量建筑物的安全程度，但是由于古建筑建造在前，目前所进行的火灾评估工作大多在数百年后，受到规范及建筑特点的限制。此外，由于我国各个区域内古建筑火灾发生的次数相对于所有古建筑物火灾发生的次数较少，无法得出准确的火灾发生概率，因此单独使用严格的定性分析评估法或定量分析评估法去合理判断古建筑的火灾风险是相当困难的。对一个特殊类型的建筑，选取火灾风险评估方法，应该考虑以下几项因素：建筑可接受的标准、评估范围、规章制度的限制、相似建筑火灾发生的概率、可用的数据和资源、评估人员专业能力等。通过对比三大类火灾风险评估方法的特点（表 3-9），选择满足以上适用因素的古建筑火灾风险评估方法。

表 3-9 火灾风险评估方法对比

类别	名称	简捷	全面	准确	易操作	客观性	范围广	普适性
定性分析评估法	安全检查表法	√	√		√			√
	对照规范评价法	√			√	√		
	预先危险分析法	√	√	√				
	专家调查法	√			√			

续表

类别	名称	简捷	全面	准确	易操作	客观性	范围广	普适性
定量分析评估法	火灾风险指数法		√	√			√	
	FDS 分析法			√	√	√	√	
	事件树分析法	√	√		√		√	√
半定量分析评估法	模糊评估法	√	√		√		√	
	可拓物元评价法	√	√				√	
	层次分析法	√	√					√
	Gustav 危险度法	√	√		√	√	√	√

3.3 常用的评估模型

3.3.1 Gustav 危险度法

火灾危险性包括对建筑物本身的破坏及建筑物内部人员和财产损失两个方面,常把火灾对建筑物本身的破坏用 GR 表示,火灾对建筑物内人员的伤害和财产损坏用 IR 表示,两方面的危险度共同决定了建筑物的危险度。

1. 改进的建筑物火灾危险度(GR)评估模型

1)GR 计算模型的确定

根据古建筑主要火灾风险因素的组成,以 Gustav 危险度法的计算公式为基础,将适用于古建筑群火灾风险评估的火灾危险度 GR 的计算方法作如下定义:

$$GR = \frac{(Q_f + Q_m C + Q_t CS) \times (P + E)}{W \times R_i \times (L_1 + L_2 + L_3)} \tag{3-8}$$

式中,Q_f 为固定的火灾荷载因子;Q_m 为活动式的火灾荷载因子;Q_t 为临时的火灾荷载因子;C 为燃烧性因子,表示可燃物的易燃性;S 为季节性因子,表示待研究区域因季节原因临时性易燃物对火灾荷载的影响;P 为消防分区因子,表示待研究区域的消防分区对火灾发生时的影响;E 为环境因子,表示待研究区域所在位置及周围环境;L_1 为火灾延迟一类因子,表示待研究区域内单个建筑消防设备投入使用情况;L_2 为火灾延迟二类因子,表示待研究区域公共消防设备投入使用情况;L_3 为火灾延迟三类因子,表示待研究区域公共消防管理情况;W 为建筑物耐火因子,表示建筑物耐火能力;R_i 为危险度减小因子,表示使火灾危险度下降的因子。

2)GR 模型因子取值

Gustav 危险度法引入国内通常以折合标准木材质量的方法来表示,火灾荷载具有正态分布的规律,是由可燃物完全燃烧释放的总热量来表示的,因此需要计算出古建筑群内各个可燃物的质量,结合研究区域的面积来计算建筑中的火灾荷载,表 3-10 给出了用标准木材单位面积质量表示的建筑物构件中固定的火灾荷载因子的取值。

表 3-10 Q_f 的取值

建筑中固定可燃物的火灾荷载（kg/m²）	材料属性			Q_f值
	结构材料	天花板材料	墙壁材料	
0～20	砖、钢、混凝土	钢、混凝土	砖、钢、混凝土	0
21～45	钢	木	钢、混凝土	0.2
46～70	木、钢	木	砖、混凝土	0.4
71～100	木	木	木、瓦、铁皮	0.6

（1）Q_m

Q_m 通常指的是古建筑内的木桌、木柜、木画框等木制品及其他固定放置在建筑群内可移动的可燃物，同样折合为标准木材单位面积的质量，表 3-11 给出了活动式的火灾荷载与活动式的火灾荷载因子的取值关系。

表 3-11 Q_m 的取值

建筑中活动可燃物的火灾荷载（kg/m²）	0～15	16～30	31～60	61～120	121～240	241～480	481～960	961～1920	1921～3840	＞3840
Q_m值	1.0	1.2	1.4	1.6	2.0	2.4	2.8	3.4	3.9	4.0

（2）Q_t

表 3-12 给出了建筑中临时性可燃物的火灾荷载与临时性火灾荷载因子的取值关系。

表 3-12 Q_t 的取值

建筑中临时性可燃物的火灾荷载密度（MJ/m²）	0～15	16～30	31～60	61～120	121～240	241～480	481～960	961～1920	1921～3840	＞3840
Q_t值	0.1	0.2	0.4	0.6	0.8	1.0	1.2	1.4	1.6	2.0

其中火灾荷载密度的计算方法如下：

$$Q_t = \frac{\sum M_v \Delta H_c}{A} \tag{3-9}$$

式中，Q_t 表示火灾荷载密度（MJ/m²）；M_v 表示可燃物的质量（kg）；ΔH_c 表示可燃物的有效热值（MJ/kg）；A 表示待研究区域地面面积（m²）。

古建筑内常见可燃物的燃烧热值见表 3-13。

表 3-13 古建筑内常见可燃物的燃烧热值

可燃物类别	燃烧热值（MJ）	可燃物类别	燃烧热值（MJ）
餐具橱	1500～2000	椅子	250
木床	1600	小家具	250

续表

可燃物类别	燃烧热值（MJ）	可燃物类别	燃烧热值（MJ）
大碗橱	1200	凳子	170
普通床	1100	小餐桌	170
五斗橱	1000	床头柜	160
书橱	840	独腿小圆桌	100
带棉垫木床	450	地毯	50
方桌	420	香油	42.5
餐桌	340	木头	15.1
空单屉桌	330	纸	15
手扶椅	330	窗帘	10

（3）C

古斯塔夫参照了欧洲保险协会对材料的分级方法，依据燃烧性能将材料分为四个等级，四个等级分别对应 C 的取值，表 3-14 给出了建筑内常见可燃物对应的燃烧性能因子 C 的取值。

表 3-14　建筑内常见可燃物对应的燃烧性能因子 C 的取值

等级	常见可燃物名称	C
1	木制家具、木制货架柜台、植物油、润滑油、黄油、醋酸纤维等	1.0
2	无棉制品、床垫、纤维板、柴油、活性炭、樟脑等	1.2
3	橡胶、乙醇、聚乙烯、地板蜡、棉麻制品、化纤、纺织品等	1.4
4	汽油、纯乙醇、碱性金属、清漆等	1.6

若可燃物为组合的混合物，则 C 的取值由各种物质的质量占比决定，表 3-15 给出了混合可燃材料占比情况与燃烧性能因子的取值关系。

表 3-15　混合可燃物 C 的取值

材料占比（%）	C
<10	由质量占比为 90% 以上的物质决定
10~25	由质量占比为 75% 以上的物质 C 值加 1 决定
25~50	由质量占比为 25% 以上的危险性较大的物质决定

（4）S

S 表示待研究区域因季节原因临时性易燃物对火灾荷载的影响。由于我国古建筑大多为旅游景点，受季节性因素影响较大，通过对多处景区实地调研发现，淡季与旺季在人数及易燃物品数量上有相当大的差异，因此，淡季时，S 的取值为 0.5；旺季时，S 的取值为 1。

（5）P

P 表示待研究区域的消防分区对火灾发生时的影响，表 3-16 给出了建筑物防火分区的特征与防火分区因子的取值关系。

表 3-16　消防分区因子 P 的取值

级别	防火分区的特征	P
1	防火分区面积小于 1500m²	0.5
2	防火分区面积大于 1500m² 小于 3000m²	0.6
3	防火分区面积大于 3000m² 小于 10000m²	0.9
4	防火分区面积大于 10000m²，且防火分区对火灾无隔离作用	1.0

（6）E

E 表示待研究区域的所在位置及周围环境对火灾发生时的影响，表 3-17 给出了建筑物周围环境特征与环境因子的取值关系。

表 3-17　环境因子 E 的取值

级别	建筑物周围环境特征	E
1	1km 内有充足水源或消防站，且交通便利	0.5
2	1km 内有充足水源或消防站，但大型车辆无法驶入建筑群内	0.6
3	3km 内有充足水源或消防站，大型车辆可行使至建筑群周边	0.9
4	3km 内无充足水源或消防站	1.0

（7）L_1

L_1 表示待研究区域内单个建筑消防设备投入使用情况，通常指的是建筑内灭火器及消防桶等室内灭火装置的投入使用情况。火灾延迟一类因子的数值越大，表示单个建筑内消防设备投入量达标，且设备能正常使用，表 3-18 给出了单个建筑消防设备投入使用情况与火灾延迟一类因子的取值关系。

表 3-18　火灾延迟一类因子的取值

级别	单个建筑消防设备投入使用情况	L_1
1	消防设备投入量不满足正常灭火面积	0.4
2	消防设备数量配置合理，部分不能正常使用	0.6
3	消防设备数量配置合理，且均正常使用	0.8

（8）L_2

L_2 表示待研究区域公共消防设备投入使用情况，通常指的是公共区域的消防栓、太平缸等室外灭火装置的投入使用情况。表 3-19 给出了建筑内公共区域的消防设备的投入使用与火灾延迟二类因子的取值关系。

表 3-19　火灾延迟二类因子的取值

级别	公共区域的消防设备投入使用情况	L_2
1	消防设备投入量不满足正常灭火面积	0.4
2	消防设备数量配置合理，部分不能正常使用	0.6
3	消防设备数量配置合理，且均正常使用	0.8

（9）L_3

L_3表示待研究区域公共消防管理情况，通常指的是待研究的区域配备的消防管理人员是否具备一定的管理经验和管理能力，景区内是否在各个易燃区域配备了一定数量的管理人员，遇火时能否及时灭火。表 3-20 给出了建筑群内公共消防管理人员的配备及业务能力与火灾延迟三类因子的取值关系。

表 3-20　火灾延迟三类因子的取值

级别	公共消防管理情况	L_3
1	消防管理人员数量不足，且业务生疏	0.2
2	消防管理人员拥有灭火能力，但数量有限，且较为集中	0.4
3	消防管理人员拥有灭火能力，但较为集中，部分现场无管理人员	0.6
4	消防管理人员拥有灭火能力，且现场巡查，及时排除隐患	0.8

（10）W

W表示建筑物的耐火能力，根据耐火时间可分为七个级别，表 3-21 给出了建筑物的耐火等级与耐火因子的取值关系。

表 3-21　耐火因子的取值

等级	耐火极限（min）	火灾荷载		常见建筑材料		W 值
		等效木材（kg/m²）	燃烧热值（Mcal/m²）	墙壁	天花板	
1	<30	—	—	木材（无保护）	木材（无保护）	1.0
2	30	37	148	有石灰水泥防护层的木材及砖墙	有石棉保护层的天花板	1.3
3	60	60	240	无保护的钢筋混凝土墙及侧抹灰墙	1.5cm厚混凝土天花板	1.5
4	90	80	320	3cm厚石棉保护或水泥石灰层的钢墙	2.5cm厚石棉层混凝土天花板	1.6
5	120	115	460	12cm厚的烧砖土质墙	—	1.8
6	180	155	620	—	—	1.9
7	240	180	720	25cm厚的烧砖土质墙	—	2.0

注：1cal=4.185851J。

（11）R_i

R_i表示使火灾危险度下降的因子。

以上各个因子计算出的为建筑物最大的危险度，在实际的古建筑中，由于可燃物散热条件较好，含水率大，不易引燃，或易燃物存放在玻璃容器中，使其与火源隔离，因此建筑物的火灾危险度下降。表 3-22 给出了易燃物的主要特征与危险度减小因子的取值关系。

表 3-22　易燃物的主要特征与危险度减小因子的取值关系

等级	易燃物的主要特征	R_i
1	可燃物数量多、体积大、易于着火、面积大，火灾易于蔓延	1.0
2	可燃物数量较多、堆放松散，着火性一般	1.3
3	易燃物堆放面积小于3000m²、25%～50%物品难引燃、散热较好	1.6
4	易燃物存放在不燃容器内、不易着火	2.0

2. 改进的建筑物内火灾危险度（IR）评估模型

1）IR 计算模型的确定

根据古建筑主要火灾风险因素的组成，建筑内火灾危险度的分析主要与人员危险因子、财产危险因子及烟气因子有关。以古斯塔夫法的计算公式为基础，将适用于古建筑群内的火灾危险度 IR 的计算方法作如下定义：

$$IR = cHDF \tag{3-10}$$

式中，H 为人员危险因子；D 为财产危险因子；F 为烟气因子；c 为人员特征因子，表示建筑内管理人员的行为性因素及游客的心理或生理因素对火灾危险度的影响。

2）IR 模型因子的取值

（1）H

H 表示火灾对古建筑内所有人员生命的危险程度，以及火灾是否会限制人员的活动。表 3-23 给出了火灾的危险程度与人员危险因子的取值关系。

表 3-23　火灾的危险程度与人员危险因子的取值关系

等级	火灾危险程度	H
1	没有危险，游客数量较少	1.0
2	有危险，但人员活动未受阻，现场有管理人员疏散，且能自救	2.0
3	有危险，人员人数较多，管理人员未能及时到达，活动受阻，不能自救	3.0

（2）D

D 表示研究区域发生火灾时财产损坏的难易程度，以及财产本身的数量和价值。表 3-24 给出了古建筑内的财产与财产危险因子的取值关系。

表 3-24　古建筑内财产与财产危险因子的取值关系

等级	财产危险程度	D
1	古建筑内财产（构件、字画等）不易损坏，财产本身价值不大	1.0
2	古建筑内财产（构件、字画等）不易损坏但密度较大	2.0
3	古建筑内财产（构件、字画等）易损失且价值较高，失而不复	3.0

（3）F

F 取值主要考虑到火灾发生时烟气中一氧化碳的毒性和浓度、材料燃烧释放烟雾的能力、烟气的间接腐蚀、建筑内的通风条件等因素。表 3-25 给出了烟气的状态与烟气因子的取值关系。

表 3-25 烟气的状态与烟气因子的取值关系

等级	烟气的状态	F
1	烟气对人、物的影响不大	1.0
2	20%的可燃物质在燃烧时释放有毒气体，建筑内的通风条件不好	1.5
3	50%的可燃物质在燃烧时释放有毒气体，或20%的可燃物质在燃烧时释放出严重污染性的浓烟	2.0

（4）c

在火灾发生时，建筑内人员心理的情绪和生理的负荷、管理人员的操作和指挥失误，以及人员对疏散路径的熟悉程度等都能影响成功逃离火场的概率，因此特设定该因子表示建筑内管理人员的行为性因素及游客的心理或生理因素对火灾危险度的影响。其取值见表 3-26。

表 3-26 人员特征因子的取值

人员特征	c
建筑内人员处于清醒状态，熟悉建筑内疏散通道，可熟练使用消防设施	1.0
建筑内人员处于清醒状态，但不熟悉建筑内疏散通道，且不能熟练使用消防设施	1.5
建筑内人员熟悉疏散通道，能熟练使用消防设施，但可能处于睡眠状态	2.0
建筑内人员处于睡眠状态，对建筑物周围环境、疏散通道、消防设施使用不熟悉	2.5
建筑内人员生理条件不足，需要帮助	3.0

3.3.2 基于模糊数学的层次分析法

层次分析法（Analytical Hierarchy Process，AHP）是一种有效多目标的分析方法，把决策规划过程中定性分析和定量分析有机结合起来，用一种统一方式进行优化处理。应用 AHP 主要有这样的三个步骤：首先，按照因素的相互关系和隶属关系，依不同层次聚集组合，形成多层次的分析结构模型；其次，根据专家打分给每一层次的相对重要性给予量化处理确定权中系数，形成评估数学模型——模糊矩阵，应用模糊数学的方法，检验一致性，直到得到满意结果；最后，根据评估标准和模糊计算，给出评估结果。此方法存在的主要问题：1）检验一致性非常困难，一致性标准＜0.1，缺少科学依据；2）考虑因素繁多，权重系数较难确定等。

3.3.3 作业条件危险性评估法

作业条件危险性评估法是一种简单化的评估建筑物内人员在具有潜在危险性环境中的半定量评估方法，用与系统风险评估的三种因素指标之积来评估工作人员风险大小，其数学模型为

$$D = LEC \tag{3-11}$$

式中，D 为风险性的大小；L 为事故发生的概率；E 为人员在危险环境中的频繁程度；C 为事故发生后可能造成的后果。

3.3.4 火灾风险矩阵分析法

一些学者把项目管理学科中的风险矩阵分析法引进火灾评估，建立火灾风险评估矩阵，如图 3-7 所示。

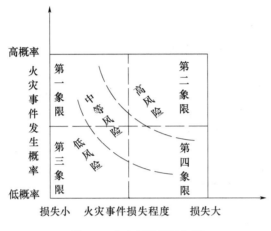

图 3-7 火灾风险评估矩阵

1. 利用象限分析法

第一象限：易发生，损失不大。第二象限：易发生，损失巨大，火灾风险高。第三象限：不易发生，即使发生损失也不大。第四象限：不易发生，一旦发生就造成极大的损失。

2. 矩阵分析法

在矩阵上绘制出风险性"等高线"，表示在同一条等高线上火灾风险性相等。在矩阵上划分低风险、中风险、高风险三个区，此方法是定性的分析方法。象限分析法仅适用于粗略地分析，更为科学的分析法可在矩阵上绘制出危险性等高线，即在一定前提下可认为该曲线上的隐患的危险性相等。

3.3.5 货币等价数学评估模型

火灾风险通常具有两个基本要素：一是发生火灾事件的可能性即概率，二是火灾事件发生后引起的人、财、物等的伤亡和损失、引起的社会不利影响。因此，火灾风险通常以火灾事件发生的概率乘以火灾引起的损失期望值来衡量。

1. 建筑火灾引起的主要损失

火灾发生后，往往会造成人、财、物等的伤亡和损失，以及社会的不利影响等无形损失。

1）人员的伤亡（人）C_1

火灾的发生往往会对人员造成伤害和死亡，甚至群伤群亡，其损失可以根据一个人一生的收入计算表示。

2）财产的损失（财）C_2 和建筑物的破坏（物）C_3

根据设备、家具等财物的价值，直接用货币等价表示。

3）环境的破坏 C_4

火灾对环境的破坏主要是有毒气体的释放，对大气层及事发当地环境的不利影响。对环境的破坏程度主要可以按其恢复时间来计算，结合火灾产物及火灾过程释放的毒气，对土壤、水、大气的污染，选定相应的等价货币值表示。

4）社会的不利影响 C_5

主要有生产、生活的中断、合同的终止、给人民造成的心灵伤害等无形损失，其损失可以由法庭判决类似案件的赔偿金额计算表示。

2. 建筑火灾抵抗能力

建筑火灾控制能力与消防力度、消防设备等抵抗火灾能力因素有关，基于以往的建筑火灾发生条件概率为单位"1"，如果消防力度、消防设备等抵抗火灾能力因素提高一倍，其余条件相同的情况下，建筑火灾风险程度下降一半。

3.4　三原城隍庙古建筑群火灾风险综合评估

1. 评估指标取值（以献殿为例）

三原城隍庙基本信息数据的采集与统计为评估因子指标提供取值基础，献殿各项火灾风险评估因子指标的取值见表 3-27。

表 3-27　火灾风险评估因子指标取值

因素类别	评估因子	信息依据	指标取值
人的因素	H（人员危险因子）	游客数量，活动能力	2.0
	c（人员特征因子）	游客及管理人员比率	1.5
物的因素	Q_f（固定的火灾荷载因子）	固定可燃物含水率及体积、占地面积	0.4
	Q_m（活动式的火灾荷载因子）	建筑物室内外易燃物品信息统计	1.0
	Q_t（临时的火灾荷载因子）	建筑物室内外临时易燃物品信息统计	1.2
	C（燃烧性因子）	建筑物室内外易燃物组成	2.0
	S（季节性因子）	淡、旺季鉴别	1.0
	W（建筑物的耐火因子）	耐火等级与耐火因子的取值关系	1.3
	R_i（危险度减小因子）	建筑物室内外易燃物品信息统计	1.6
	D（财产危险因子）	财产与财产危险因子的取值关系	1.0
	F（烟气因子）	建筑物室内外易燃物品信息统计	2.0
环境因素	P（消防分区因子）	建筑群防火分区面积	0.5
	E（环境因子）	古建筑群周边条件	0.6
	L_1（火灾延迟一类因子）	室内外消防设备投入	0.6
	L_2（火灾延迟二类因子）	公共消防设施投入	0.8
管理因素	L_3（火灾延迟三类因子）	公共消防管理	0.8

2. 古建筑火灾危险度

根据以上原则，三原城隍庙古建筑群 13 处开放性建筑的火灾危险度因子的取值见表 3-28。

表 3-28 三原城隍庙古建筑火灾危险度各项因子取值

编号	建筑名称	Q_f	Q_m	Q_t	C	S	P	E	L_1	L_2	L_3	W	R_i
1	寝宫	0.4	1.0	0	2.0	1.0	0.5	0.5	0.8	0.8	0.8	1.3	2.0
2	明禋亭	0.4	0	0	2.0	1.0	0.5	0.5	0.8	0.8	0.8	1.0	1.6
3	财神殿	0.4	1.0	1.2	2.0	1.0	0.5	0.5	0.8	0.8	0.8	1.3	1.3
4	献殿	0.4	1.0	1.2	2.0	1.0	0.5	0.6	0.6	0.8	0.8	1.3	1.6
5	拜殿	0.4	1.0	1.2	2.0	1.0	0.5	0.6	0.6	0.8	0.8	1.3	1.6
6	东配殿	0.4	1.2	1.2	2.0	1.0	0.5	0.6	0.4	0.8	0.8	1.3	1.3
7	西配殿	0.4	1.2	1.2	2.0	1.0	0.5	0.6	0.4	0.8	0.8	1.3	1.3
8	戏楼	0.6	1.2	1.2	2.0	1.0	0.5	0.6	0.4	0.8	0.8	1.3	1.6
9	东廊坊1（剪纸屋）	0.4	1.2	1.4	2.0	1.0	0.5	0.6	0.4	0.8	0.8	1.3	1.0
10	西廊坊1	0.4	1.2	1.6	2.0	1.0	0.5	0.6	0.4	0.8	0.8	1.3	1.0
11	东廊坊2	0.4	1.2	1.4	2.0	1.0	0.5	0.6	0.4	0.8	0.8	1.3	1.0
12	西廊坊2	0.4	1.2	1.4	2.0	1.0	0.5	0.6	0.4	0.8	0.8	1.3	1.0
13	接待室	0.4	1.2	1.2	2.0	1.0	0.5	0.6	0.8	0.8	0.8	1.3	1.3

3. 古建筑群内火灾危险度

三原城隍庙古建筑群内火灾危险度各项因子取值见表 3-29。

表 3-29 三原城隍庙古建筑群内火灾危险度各项因子取值

编号	建筑名称	H	D	F	c
1	寝宫	2.0	1.0	1.0	1.5
2	明禋亭	2.0	1.0	1.0	1.5
3	财神殿	2.0	2.0	2.0	1.5
4	献殿	2.0	3.0	2.0	1.5
5	拜殿	2.0	3.0	2.0	1.5
6	东配殿	2.0	2.0	1.5	1.5
7	西配殿	2.0	2.0	1.5	1.5
8	戏楼	2.0	3.0	1.5	1.5
9	东廊坊1（剪纸屋）	2.0	2.0	1.5	1.5
10	西廊坊1	2.0	2.0	1.5	1.5
11	东廊坊2	2.0	2.0	1.5	1.5
12	西廊坊2	2.0	2.0	1.5	1.5
13	接待室	2.0	1.0	1.5	1.5

4. 火灾风险综合评估值

为了使危险度的计算变得高效快捷，结合 Visual Basic 语言编制程序以计算各个建筑物 GR 和 IR 的值，计算流程图如图 3-8 所示。

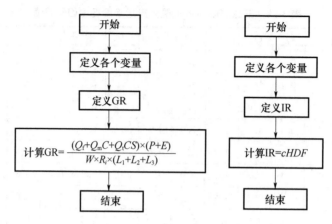

图 3-8　计算流程图

经计算，求得三原城隍庙古建筑群火灾风险综合评估值见表 3-30。

表 3-30　三原城隍庙古建筑群火灾风险综合评估值

编号	建筑名称	GR	IR
1	寝宫	0.385	3
2	明禋亭	0.104	3
3	财神殿	1.183	12
4	献殿	1.154	18
5	拜殿	1.154	18
6	东配殿	1.692	9
7	西配殿	1.692	9
8	戏楼	1.904	13.5
9	东廊坊 1（剪纸屋）	2.369	9
10	西廊坊 1	2.538	9
11	东廊坊 2	2.369	9
12	西廊坊 2	2.369	9
13	接待室	1.410	4.5

根据 GR 和 IR 值，绘制火灾危险度分布图，如图 3-9 所示。

5. 结果分析

三原城隍庙古建筑群火灾危险度的结果分析：

1）经计算，寝宫、明禋亭 GR 和 IR 的数值均较小，由于两处建筑物靠近主干道，距清峪河较近，且均有管理人员值班，能够及时掌控火情，火灾一旦发生，能够及时救援，计算数值与实际情况相符。根据危险度分布图上散点所处位置可知，寝宫和明禋亭安全性较好，不易发生火灾，自救效果较好，无须再次投入消防设施及人员力量。

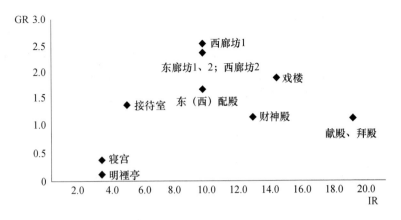

图 3-9　三原城隍庙古建筑群火灾危险度分布图

2）经计算，接待室 GR 和 IR 的数值处于安全区和自动灭火区之间，接待室又兼作景区的警务室，面积较小，室内配置了灭火器，且有专职消防管理人员轮流值班，因此，接待室安全性较好，考虑到经济性的要求，该处无须投入过多的消防设施及人员力量。

3）经计算，东、西配殿 GR 和 IR 的数值处于自动灭火区和双重保护区之间的区域，由于这两处建筑物的使用功能为零售店，室内现代化设施居多，因此可在室内隐蔽位置设置自动灭火装置，如喷淋灭火系统。考虑到经济性，自动灭火装置的选择优于自动报警装置的选择。

4）经计算，东、西廊坊 GR 的数值较高，处于 B 区域，说明建筑物本身的火灾危险性较大，人员及财产的火灾危险性相对较小，这与建筑物门前售卖的化纤织物、香油和剪纸等物品的数量及其易燃性有直接关系。由于旺季景区内人员密度较大，警觉性高，但灭火能力有限，因此，可在室内隐蔽部位安装喷淋灭火系统，以防止火灾的蔓延。

5）经计算，财神殿、献殿、拜殿的火灾风险处于分布图的自动报警区，此处火源较多，易引燃周围物品，火灾发生时烟气浓度较大。由于财神殿、献殿及拜殿均属于香火密集处，财神殿平行于寝宫与交通主干道相邻，故 IR 在数值上小于献殿和拜殿。对于这三处建筑物，应增设并更新较灵敏的自动报警系统。

6）经计算，戏楼 GR 和 IR 的数值均较高，处于双重保护区。经调研发现，戏楼整体均为木质结构，因建造年份久远，多处构件产生裂缝，较为干燥，戏楼内虽未出现火源，但耐火极限较小，织物较多，人员异常密集，位于整个景区的中心，着火时难以扑救，故应进行自动灭火和自动报警双重保护。

6. 阈值的确定

建筑物存在一定的危险性，若保证危险不超过一定限度，就可达到控制危险的目的。传统的半定量 Gustav 危险度法中并未提到关于选择阈值范围的有关规定，经过对 Gustav 危险度法的合理改进，添加或拆分影响因子，使古建筑群危险度与古建筑群内危险度的数值区间有所差异，因此纵坐标及横坐标的最大取值范围也不是固定统一的，可根据所研究对象不同，经过多目标的选取和验证，分析得出具有参考意义的阈值范围。课题组通过对党家村古建筑群、高家大院古建筑群及三原城隍庙古建筑群等地的调研，发现三原城隍庙景区自建成至今由于消防器材充裕、人员管理科学合理、定期组织消防演练、拥有完整的消防安全资料等因素，未发生过火灾，火灾风险评估的计算数值与实际情况相符，在消防管理方面可产生标杆效应，因此前面对13处古建筑单体的评估结果具备一定程度的参考价值，可作为确定 A、B、C、D 各个区域界限的依据。

根据火灾危险度值分布图中的数值结果，Gustav 危险度法各区域阈值的合理推算见表 3-31。

表 3-31　Gustav 危险度法各区域阈值的合理推算

区域阈值	安全区阈值	模糊区阈值	危险区阈值
古建筑火灾危险度	(0, 1.0)	(1.0, 2.0)	(2.0, 3.0)
古建筑内火灾危险度	(0, 8.0)	(8.0, 12.0)	(12.0, 20.0)

7. 控制或消除风险的建议

从 13 处重点建筑物的火灾危险度计算结果中分析，旺季时，三原城隍庙古建筑群景区处于"亚安全状态"。结果表明只需对建筑群内几座处于危险状态的建筑进行现代化系统装置的增设，即可将整个古建筑群从"亚安全状态"提升至"安全状态"。因此，在不改变原有民俗状态的基础上控制或消除古建筑群现存风险的建议见表 3-32。

表 3-32　三原城隍庙古建筑群设施增设建议

建筑名称	设施增设建议
东、西配殿；东、西廊坊	自动灭火装置
财神殿、献殿、拜殿	自动报警装置
戏楼	自动灭火装置及自动报警装置

8. 小结

我们首先根据危险源评估指标因素的划分，完成了对三原城隍庙景区基本信息的采集；其次通过对基本信息的半定量化处理，利用 Visual Basic 定义改进的 Gustav 危险度法计算模型中的各个变量，对三原城隍庙内 13 处古建筑的危险度进行计算，绘制了三原城隍庙古建筑群火灾危险度值分布图，并对评估结果进行分析，得出如下结论：

1）东、西配殿，东、西廊坊需增设自动灭火装置。以上四处古建筑由于使用功能发生改变，建筑内外易燃物品种类及数量较多，现代化电气设施居多，固定灭火设备数量有限，对火灾的控制能力受到限制，因此需增设自动灭火装置，如自动喷水灭火系统、水喷雾灭火系统、细（超细）水雾灭火系统，以达到及时自动灭火的目的。

2）财神殿、献殿、拜殿需增设自动报警装置。以上三处古建筑由于具有祭祀功能，建筑内外香火密度大，偶有明火，极易引燃周围的易燃物，起火速度较快，因此需增设并及时更新较灵敏的自动报警系统，如吸气式早期火灾探测器等。

3）戏楼需进行双重保护。戏楼为全木质结构，因年代久远，构件干燥且多处产生裂缝，织物环绕，耐火极限较低，此处为旺季古建筑群内人员最密集之地，其中老人居多，心理、生理性危险因素影响较大，自保能力较弱，因此需增设自动灭火装置及自动报警装置进行双重保护。

4）改进的半定量 Gustav 危险度法通过添加和拆分火灾风险因子将古建筑群内易燃物类型、消防设施投入、公共消防管理、人员消防能力及防火能力、季节性特点等因素考虑到传统的 Gustav 危险度法中，通过分析评估结果，验证了 Gustav 危险度法在古建筑群火灾风险评估中的适用性，为今后古建筑群及人员的生命财产安全提供了消防安全保障。

5）改进的半定量 Gustav 危险度法中，古建筑火灾危险度安全区阈值为（0，1.0），模糊区阈值为（1.0，2.0），危险区阈值为（2.0，3.0）；古建筑内火灾危险度安全区阈值为（0，8.0），模糊区阈值为（8.0，12.0），危险区阈值为（12.0，20.0）。以上阈值的合理推算将为其他古建筑的危险度判断提供参考依据。

6）三原城隍庙古建筑群按照存在风险程度的高低，应加强消防保护的区域的排序如下：戏楼＞财神殿、献殿、拜殿＞东、西配殿，东、西廊坊＞接待室＞寝宫＞明禋亭＞其他员工用房。

4 基于情境的古建筑火灾危险性分析

4.1 古建筑火灾情境模拟基础理论

4.1.1 火灾动力学基础

FDS 是一种火灾驱动流体的计算流体动力学软件。其默认湍流模型采用 Smagorin-sky 形式的大涡模型（Large Eddy Simulation），燃烧模型采用的是混合物百分数模型。模型假定燃烧是一种混合控制（Mixing-Controlled），且燃料与氧气的反应进行得非常快，所有反应物和产物的质量百分数可通过使用"状态关系"——燃烧简化分析和测量得出的经验表达式由混合物百分数推导出来。辐射传热通过对非散射灰体近似的气体利用有限体积方法求解其辐射传输方程，求解采用类似于对流传热的有限体积法，约有 100 个离散角。

FDS 原理是根据场模拟计算来完成的。场模拟由速度、温度及各个组分浓度在空间、时间的分布状况等状态参数所组成。其理论依据主要是质量守恒定律、动量守恒、能量守恒，以及可燃物的化学反应等物理、化学定律。在进行场模拟过程中，利用大涡模型对连续方程、动量、能量方程、压力收敛方程进行求解，可以得到温度、压力、烟气组分、能见度等参数的空间分布。

在实际的建模过程中，由于古建筑造型多变，与现代建筑存在较大差异，而 FDS 采用编码建模的形式，模块主要以矩形或规则立方体组成，建模界面相对不友好。因此，对古建筑模型的建立采用 FDS 前处理程序 PyroSim 来完成，模型计算采用其内置的 FDS version 5，模拟结果采用 Smokeview 后处理程序完成。

4.1.2 LES 模型基本控制方程

1. 连续方程

与其他任何物质相同，在理想状态下和运动过程中，流体物质不会随着运动而出现增加和减少，满足质量守恒定律。因此，在流体的运动中才能保持其连续性。在流体力学研究中，利用质量守恒定律，来探求流体运动要素沿流程的变化关系，即连续性方程。连续方程是流体力学的基本方程之一，实质是质量守恒定律在流体力学领域的表达。

考虑实际流体的状态，重点分析多组分、可压缩混合气体的连续性方程，即多组分反应流体的守恒方程。根据燃烧学定义，以一维流动控制体来表达。

设一长度为 Δx，截面面积为 A 的一维控制体，由质量守恒可知，该控制体随时间的物质变化率应等于从控制体流出和流入的净流量。

$$\frac{\mathrm{d}m_{cv}}{\mathrm{d}t} = [\dot{m}]_x - [\dot{m}]_{x+\Delta x} \tag{4-1}$$

同时，引入密度 ρ、体积 V_{cv}、速度矢量 u，$\dot{m} = \rho u A$，代入式（4-1）并取极限 $\Delta x \rightarrow 0$，可得

$$\frac{\partial \rho}{\partial t} = -\frac{\partial(\rho u)}{\partial x} \tag{4-2}$$

或

$$\frac{\partial \rho}{\partial t} + \frac{\partial(\rho u)}{\partial x} = 0 \tag{4-3}$$

其中，对不可压缩或定常流状态气体，$\rho = C$，即 $\frac{\partial \rho}{\partial t} = 0$。故式（4-4）即为多组分、可压缩混合气体的连续性方程。

2. 能量与状态方程

将烟气流动视为流体的过程中，在理想状态下，各项物化参数均符合质量守恒定律、组分守恒定律及动量守恒定律。火灾所产生的烟气流动实质上是低速状态下的流动，为研究其流动过程中的能量守恒，忽略流体湍流能量对整个烟气场总焓分布细节的影响和流体黏性力做功所产生的气动热，湍流状态下产生的体积力做功忽略不计。根据热力学第一定律，控制体内能量变化率等于获得的外热的总和与对外做功的总和，则能量方程如下：

$$\frac{\partial}{\partial t}(\rho h) + \nabla \cdot \rho h u = \frac{Dp}{Dt} - \nabla \cdot q_r + \nabla \cdot k \nabla T + \sum_l \nabla \cdot h_l \rho K_l \nabla Y_l \tag{4-4}$$

式中，h 为烟气流动状态下的焓；T 为状态下温度；q_r 为热辐射通量。

状态方程主要是根据守恒方程推导而来的，在此引入单位控制体内流体运动过程中压力分解方程来说明。

$$\rho = \rho_o - \rho_\infty g z + \tilde{p} \tag{4-5}$$

式中，p 为流体压力；p_o 为背景压力；$\rho_\infty g z$ 为流体静压分布；$\tilde{p}$ 为压力扰动。

实际问题中，一般将 p_o 视为常数值，背景压力和流体静压分布数值较小，可忽略。若流体空间处于密封状态，p_o 随时间变化减小或增大，取决于是否存在强制性通风条件或产生热膨胀，当空间高度达到千米级别时，将背景压力视为随时间变化的函数，而非常数。

假设烟气流动属于低马赫状态下流动，通过压力分解过程，可以得到烟气流动过程中的状态方程。

$$p_o = \rho R T \sum \left(\frac{Y_i}{M_i}\right) = \rho R T / M \tag{4-6}$$

式中，R 为气体常数；M 为混合气体分子质量。

在低马赫假设下，p_o 替代 p，意味着传播速度远大于一般火灾中流体速度的声波就被滤掉了。此时，由于流动步长较大的声波被过滤，状态方程对整个模拟系统下的变量较少，声波步长退出主导，由流动速度来主导和决定整个数值模拟的计算过程。因此须引入速度散度方程：

$$\nabla \cdot u = \frac{1}{\rho c_p T}\Big(\nabla \cdot k \nabla T + \nabla \cdot \sum_l \int c_{(p,l)}\,\mathrm{d}T \rho K_l \nabla Y_l - \nabla \cdot q_r + \dot{q}'''\Big) + \Big(\frac{1}{\rho c_p T} - \frac{1}{p_o}\Big)\frac{\mathrm{d}p_o}{\mathrm{d}t}$$

$$(4\text{-}7)$$

式中，c_p 为定压比热容；$c_{(p,l)}$ 为第 l 种组分的定压比热容；$\dot{q}'''$ 为单位空间内能量产生的速率。

速度散度方程是通过连续方程、能量方程、状态方程耦合后推导而来的，实质上也是各个守恒定律的另一种表达形式。

4.1.3 湍流燃烧辐射模型

1. 湍流运动模型

在自然界和实际工程中，绝大多数流动属于湍流运动。与层流运动不同，湍流运动是指一个流体质点在运动过程中不断相互混合的无序、无规则的过程，是时间和空间尺度上具有随机性的一种脉动现象。可认为它是一种高度非线性流动过程。

湍流模型的数值模拟分析，主要分为直接和非直接数值模拟两种方法。直接模拟方法指对控制性方程不进行处理简化，直接对湍流状态下方程进行求解；非直接数值模拟方法是对湍流过程进行合理的简化假设和数学处理后求解。根据简化和模拟的角度和程度不同，又可以将非直接数值模拟方法进行分类：大涡模拟（LES）、统计平均法、Reynolds 平均法。本书涉及的湍流模型主要是指非直接数值模拟中的大涡模拟方法，因此只针对大涡模拟的方法展开讨论，平均法暂不赘述。

湍流模型采用的是 Smagorinsky 形式的大涡模型（LES）。涡流是指在湍流状态下，流体质点在流动过程中不断相互混合，湍流中会不断产生的无数大小不等的无规则涡团。

在湍流运动中，考虑动量参数，动量方程中的黏性应力张量和应变张量表示为

$$\tau = \mu\Big[2\mathrm{def}u - \frac{2}{3}(\nabla \cdot u)\,I\Big] \tag{4-8}$$

$$\mathrm{def}u \equiv \frac{1}{2}\big[\nabla u + (\nabla u)^t\big] \tag{4-9}$$

式中，I 为辐射强度；μ 为黏性系数；u、v、w 为各个方向速度。

根据 Smagorinsky 的分析，湍流黏性系数可以表示为：

$$\mu_{\mathrm{LES}} = \rho\,(C_s\Delta)^2\Big[2\,(\mathrm{def}u)\,\cdot\,(\mathrm{def}u) - \frac{2}{3}(\nabla \cdot u)^2\Big]^{\frac{1}{2}} \tag{4-10}$$

式中，C_s 为经验系数，常数；Δ 为网格特征尺度。

在大涡模拟计算过程中，还应考虑流动过程中物质的扩散、热量扩散和黏性系数之间的关系。

$$(\rho K)_{l,\mathrm{LES}} = \frac{\mu_{\mathrm{LES}}}{S_C} \tag{4-11}$$

$$k_{\mathrm{LES}} = \frac{\mu_{\mathrm{LES}} c_p}{P_r} \tag{4-12}$$

式中，S_C 为施密特数；P_r 为普朗特数。

2. 燃烧模型

FDS 火灾模拟过程中，对燃烧模型采用的是混合分数模型，即在燃烧过程中，引入

守恒函数混合分数 Z，将燃烧视为物质不断混合的过程，对求解的物质组分采用该守恒函数 Z 来表示。Z 的取值范围为 $0\sim1$，混合分数定义如下：

$$Z=\frac{sY_F-(Y_O-Y_O^\infty)}{sY_F^l+Y_O^\infty}$$ (4-13)

$$s=\frac{\upsilon_O M_O}{\upsilon_F M_F}$$ (4-14)

式中，Y_F 为可燃物质量分数；Y_F^l 为可燃物最初质量分数；Y_O 为氧气质量分数；Y_O^∞ 为初始环境中氧气质量分数；M_O、M_F 为氧气和可燃物相对分子质量；υ_O、υ_F 为氧气和可燃物化学反应的计量系数。

在燃烧过程中，氧气和可燃物均被快速消耗，假设化学反应迅速，氧气与可燃物难以共存，则在空间和时间两维尺度下，定义火焰面处的混合分数：

$$Z(x,t)=Z_f=\frac{Y_O^\infty}{sY_F^l+Y_O^\infty}$$ (4-15)

由式（4-15）可发现，随着燃烧过程的进行，可燃物与氧气的组分百分数相互消耗，则有

$$Z>Z_f \qquad Y_O(Z)=0$$ (4-16)

$$Z<Z_f \qquad Y_O(Z)=Y_O^\infty\left(1-\frac{Z}{Z_f}\right)$$ (4-17)

3. 热辐射及传输模型

燃烧过程中产生的热量辐射和传输规律是研究火灾蔓延和发展过程的重要因素之一。FDS 模拟计算过程中，对热辐射和热量传输采用有限体积法求解辐射传输方程：

$$s\cdot\nabla I_\lambda(x,s)=-[K(x,\lambda)+\sigma_s(x,\lambda)]I(x,s)+B(x,\lambda)+\frac{\sigma_s(x,\lambda)}{4\pi}\int_{4\pi}\phi(s,s')I_\lambda(x,s')d\Omega'$$

(4-18)

式中，s 为强度方向矢量；$I_\lambda(x,s)$ 为波长 λ 的辐射强度；K、σ_s 为局部吸收和散射系数；$B(x,\lambda)$ 为辐射源项；$\phi(s,s')$ 为耗散函数。

对非散射灰体的气体如空气等，该方程可简化为

$$s\cdot\nabla I_\lambda(x,s)=K(x,\lambda)[I_b(x)-I(x,s)]$$ (4-19)

式中，$I_b(x)$ 为辐射源处的强度。

模型的理论依据是 LES（Large Eddy Simulation）即大涡流模型，根据合理假设及自然界普遍存在的质量守恒定理为基础，将烟气流动的过程及瞬时状态用数学公式进行表达，主要从状态、组分、受驱动的能量和动量变化等进行方程表达，在此过程中，不考虑物质的消耗与损失。模拟过程采用湍流形式的运动形式，即时间和空间尺度上具有随机性的一种脉动现象，将其认为是一种高度非线性流动过程。将烟气流动视为无序、随机的不断混合过程。燃烧模型选用混合分数模型，将物质燃烧视为不断混合的工作状态。热辐射及传输模型选用有限体积法进行设定求解。

4.2 火灾情境模拟分析

广义上来讲，火灾情境就是人为设定一个火灾发生、发展、蔓延的整个过程。在对

特定火灾隔间进行详细的火灾情境分析时，通常以隔间内火灾的发生为起点，重点关注火灾的发生、发展及蔓延，明确隔间内的火灾目标物、火灾探测及灭火系统、人员响应等特征，确定火灾是否导致目标物不可用及相应的时间窗口，最终评估设定的火灾情境发生频率。

通常，针对分析对象需要设定多个不同的火灾情境来描述所有可能发生的火灾，每个特定的火灾情境都需要评估其火灾的发生、损坏行为、火灾探测及灭火响应等。目前的分析通常暂不考虑多重火灾同时发生的可能性，而只考虑单一火灾的发生，同时，也不考虑地震所引发的火灾风险。

火灾情境分析和火灾概率安全评价中的其他任务密不可分。应通过火灾隔间定性、定量筛选，将风险贡献小的火灾隔间筛除，保留风险重要的火灾隔间作为火灾情境分析的输入，最终得到特定火灾情境列表及相应的发生频率，为最终风险定量化及不确定性分析提供信息输入。

4.2.1 情境分析的一般方法

火灾的数值模拟是根据调研统计、测量数据分析，对研究对象进行合理假设及模型的简化，计算模拟在一定条件下整个建筑物、单体建筑室内及周边邻近建筑受到火灾影响的程度。对四合院形式的古建筑火灾模拟，既可以通过试验模拟，也可以通过计算机模拟，试验模拟的过程需要进行模型的缩尺试验。对力学模型而言，能够得到较好的试验结果；对火灾计算模型而言，由于受通风条件、火源、传感器布置问题等因素影响，未必能够得到真实有效的数据。采用计算机模拟，通过简化模型，尤其是在火源功率、燃烧可持续性、烟气感测、温度感测、浓度感测等方面可以得到较好的保障和工作性。

通过运用 FDS 软件对韩城市党家村贾家祖祠进行建模分析，建立不同场景下的物理模型，探究火灾燃烧的各个过程，尤其是整个燃烧过程中烟气的各项物理参数的变化特征，分析古建筑遭受火灾影响下的发展规律和蔓延机理。通过对模型的求解和数据分析，为古建筑的性能化防火及火灾的预测评估提供科学有效的参考依据。

4.2.2 火灾模拟程序及参数设置

1. 前后处理程序 PyroSim＋Smokeview

Thunderhead Engineering PyroSim 简称 PyroSim，是由美国国家标准与技术研究院（National Institute of Standardsand Technology，NIST）研发的专门用于火灾动态仿真模拟（Fire Dynamic Simulation，FDS）的软件，主要涉及物理、工程方面的基础和应用型研究，以及测量技术和测试方法等方面的研究，提供标准、参考数据和相关服务，在国际上享有很高的声誉。PyroSim 作为 FDS 的前处理程序，相比 FDS 而言，提供了2D、3D 的图形用户界面，利用 PyroSim 创建火灾模拟，可以准确地预测火灾的烟气流动状态、温度变化、气体浓度分布等情况。

PyroSim 可以直接向用户进行输出反馈，提供三维图形化前处理功能。通过前处理进行模型的建立，经由内置的 FDS 核心计算进行运算求解，再由后处理器 Smokeview进行数据的分析，实现三维动态下的可视化，提高了火灾模拟的效率和准确度。

PyroSim 广泛用于以下领域：

1）性能化建筑防火设计；

2）消防安全评估之后的项目验收评估；

3）火灾事故调查分析；

4）灭火实战与训练；

5）火灾科学研究；

6）火灾自动探测与报警系统的开发。

PyroSim 的程序分析过程如图 4-1 所示。

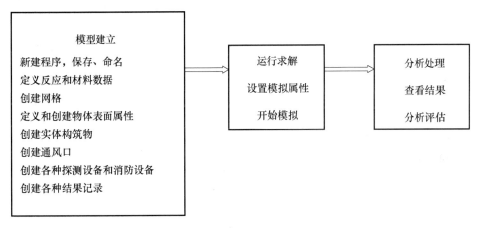

图 4-1 典型 Pyrosim 程序分析过程

Smokeview 是模拟的后处理程序，可以通过 Smokeview 窗口查看在设定时间内的火灾演变的全过程。通过设置的切片可查看任意时刻的烟雾质量分数、一氧化碳浓度、体积分数、烟雾能见度、测点的温度风速等数据曲线和云图分布变化，为研究火灾的演变规律和实时观测提供了很好的窗口，为火灾模拟的量化、可视化提供了科学准确的借鉴和指导。

2. 模型构建与场景设定

以下将韩城市党家村贾家祖祠四合院作为研究对象，利用 Pyrosim（核心求解为 FDS 场模拟程序）进行建模和运算分析。建模过程中采用 2D、3D 相结合为主，编辑建模为辅的形式，这样既能保证模型属性的准确性，又能够提高建模效率。规则墙体主要采用 2D 形式建模，根据现有调研绘制的 CAD 图纸进行模型建立，由于 Pyrosim 不具有友好的斜面、曲面模块，可采用近似的较小尺寸矩形叠加形成屋顶面，材料数据依据调研数据选用 Pyrosim 内置的参数值。四合院中，主房陈设与实际状况保持一致，两处厢房及神社位置的可燃物家具进行一定的合理假设。多数木柱、木窗镶嵌于墙体之中，有的经过粉刷处理，上部梁、檩、板错综复杂，难以一一进行定义建模，同时为保证模型能够合理地运行计算，根据计算的火源密度值，将其统一计入房间内的最大火源功率值中。

3. 建筑模型设置

贾家祖祠作为公共开放式的四合院落，具有较强的研究代表性，为了更好地反映出四合院火灾发生状况的影响，将其周边路况信息同时在模型中表达构建。

经过实地测量，整个四合院院落东西向长约 22.5m，南北向长约 10.5m，以地平面至屋顶计量，门厅高度约 6.75m，厢房高度约 5.39m，主房高度约 8.93m。依据图 4-2、图 4-3 及内部家具陈设，采用 3Dview/2Dview/recordview 三种形式进行物理建模。其中，对模型中采用的物理参数进行统一设置，材性热力学参数见表 4-1，模型外部视图及内部视图见图 4-4、图 4-5。

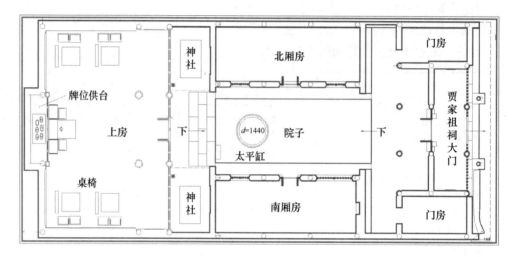

图 4-2 贾家祖祠平面图

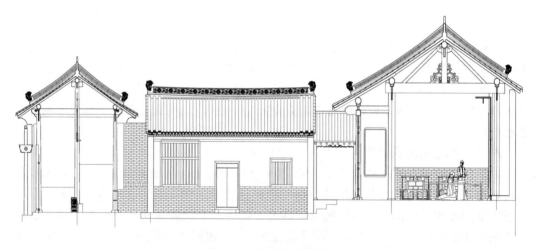

图 4-3 贾家祖祠剖面图

表 4-1 材性热力学参数

材料属性	密度 (kg/m³)	比热容 [kJ/(kg·K)]	传导率 [W/(m·K)]	辐射系数	吸收系数
黄松	640.0	2.85	0.14	0.9	$5.0×10^4 \text{m}^{-1}$
防火砖	750.0	1.04	0.10	0.8	$5.0×10^4 \text{m}^{-1}$

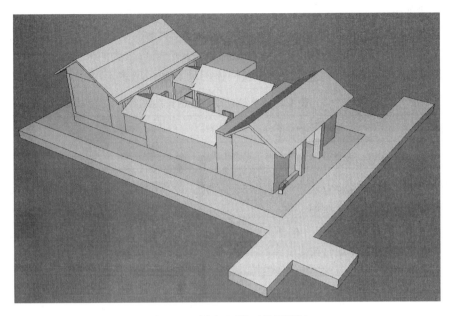

图 4-4 贾家祖祠模型外部视图

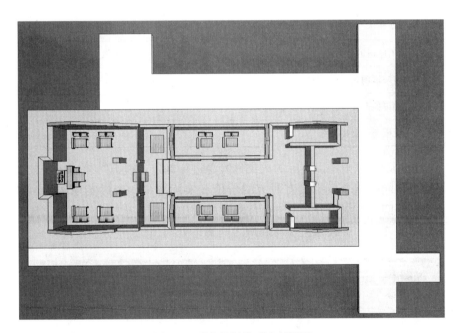

图 4-5 贾家祖祠模型内部视图

4. 火源功率及场景设定

按照火源热释放速率是否变化，描述火灾发展的过程模型主要分为两大类，即固定的火源热释放速率和变化的火源热释放速率。常用的火源模型具有多种，四合院内主要燃烧物为木质家具及构件，整个木质材料的燃烧过程可以用 t^2 火来描述。针对该四合院模型，选择常用的 t^2 火模型，该火模型利用火灾发展中的最大热释放速率进行计算，可以可靠描述火灾发展的过程。t^2 火模型按照火源的增长类型划分为 4 个等级。t^2 增长火的表达形式如下：

$$Q=\alpha t^2 \qquad (4\text{-}20)$$

式中，Q 为火源功率（kW）；α 为火源增长系数（kW/s^2）；t 为时间（s）。

增长系数分为慢速、中速、快速、超快速四种类型，见表 4-2。

表 4-2 t^2火源功率典型增长系数

增长类型	慢速	中速	快速	超快速
α	0.002931	0.011270	0.046890	0.187800

房间内部主要燃烧物为木质材料，年代久远，较易燃烧，因此根据典型材料的燃烧特点，选取快速增长火源类型，即 $\alpha=0.046890$。根据表 4-3 最大热释放速率确定依据选取最大火源功率为 8MW，根据公式可知，火源达到稳定热释放功率的时间为413.0s，设置模拟时间为1200s。

表 4-3   最大热释放速率确定依据

典型火灾场所	最大热释放速率 Q（MW）
设有喷淋的商场	5.0
设有喷淋的办公室、客房	1.5
设有喷淋的公共场所	2.5
设有喷淋的超市、仓库	4.0
无喷淋的办公室、客房	6.0
无喷淋的公共场所	8.0

火灾场景的设定原则是以实际的火灾危险源进行判定，模拟结果可以在较大程度上与实际相吻合，同时整个模拟具有研究的价值和实际意义。经过实地调研，对贾家祖祠、党家祖祠等四合院综合分析，进行危险源的辨识，最终确定三处危险火源，分别为主房供台处（图 4-6）、神社（主房与厢房之间廊道处）、北侧厢房书案。

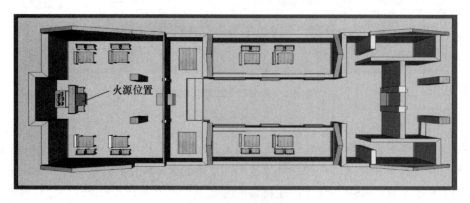

图 4-6   火灾场景

5. 网格划分

采用 FDS 进行火灾模拟时，网格精度是影响计算准确性及效率的重要因素。若网格划分粗糙，模拟结果可能出现较大偏差，而网格精度过高会使时间步长缩短，计算时间增长。在 FDS 中通常采用无量纲量来评估求解区域网格的好坏。在模型计算的重要部分就是必须使用基于傅里叶快速转换公式（FFTs）的泊松分布法，栅格单元尺寸应符合 2^u、3^v、5^w 这一模数，其中，字母代表的都是整数值，还须避免沿数轴方向的单元格数为质数。划分网格时，按照以下公式计算验证：

$$D^* = \left(\frac{Q}{\rho_o C_p T_o \sqrt{g}} \right)^{\frac{2}{5}} \tag{4-21}$$

式中，D^* 为火灾特征直径（m）；Q 为火源功率（kW）；ρ 为环境初始密度；C_p 为定压比热 [J/（kg·℃）]；T_o 为环境温度（℃）；g 为重力加速度（m/s²）。

因此根据式（4-21）的计算结果和计算速度，设定网格的尺度（cell size）为 0.5m×0.5m×0.5m，网格总数为 95040 个，约 10 万个。网格尺寸比例（cell size ratio）为 1.0，其中，X-cell、Y-cell、Z-cell 分别为 72、66、20。网格对其测试（mesh alignment test）通过，即网格划分符合运算要求。图 4-7 为立体网格划分分布图。

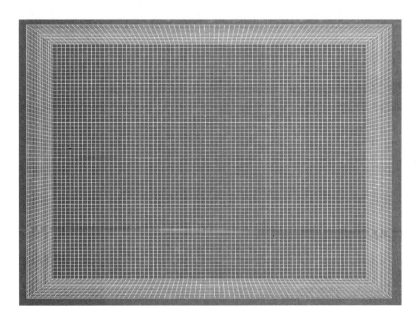

图 4-7　立体网格划分分布图

6. 测点及切片设置

根据着火位置设定一个火灾场景，场景一的测点设置如图 4-8 所示。测点主要测试火灾燃烧时的温度、一氧化碳物质的量浓度、一氧化碳浓度、能见度、速度等参数，用于评估火灾的危险性。

同时，为了观察成人高度位置的火灾危险性，在人高 2.0m 处设置温度、一氧化碳物质的量浓度、一氧化碳浓度、能见度、速度等参数的切片，如图 4-9 中的 $H = 2.0m$ 处切片位置。

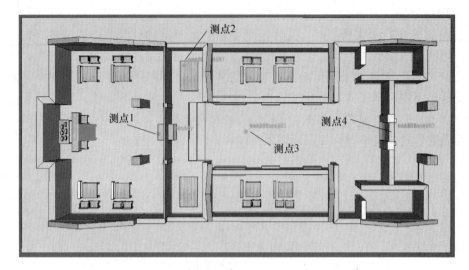

图 4-8　场景一的测点设置

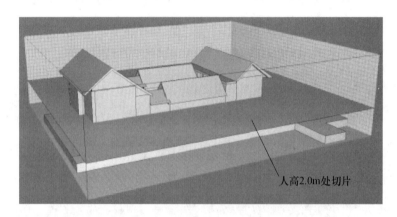

图 4-9　$H=2.0\mathrm{m}$ 处切片位置

4.2.3　火灾场景模拟结果分析

火灾场景模拟过程中，经过多次调试，模型时间分析步数为 35693 步，耗时 4h 2min 49s 后达到收敛，计算完成后，Smokeview 程序运行正常，3D 图像运行符合设计要求。

1. 温度模拟分析

如图 4-10 所示，初始温度为 20℃，测点 1 在 25s 左右温度开始上升，200s 时上升至 250℃。200s 后曲线斜率明显增大，300s 时温度达到 700℃左右，300～1200s 区间内温度曲线在 500℃左右上下振荡，趋于稳定。温度曲线变化中，在 400s 左右达到峰值（约 750℃），稳定值为 500℃。测点 2 在 400s 后处于上升阶段，升温速度较慢，1200s 时达到峰值 100℃。测点 3、测点 4 温度曲线在 0～1200s 内未发生明显变化。

分析可知：随着火灾的发生，祠堂区域的温度快速升高，火灾发生至 300s 时，温度达到最高并发生剧烈波动。随后逐渐保持稳定，稳定后测点 1 的温度大约在 500℃；测点 2、测点 3、测点 4 相隔祠堂较远或中间存在隔挡，升温并不明显，只有测点 2 处在 400s 后有升温趋势。

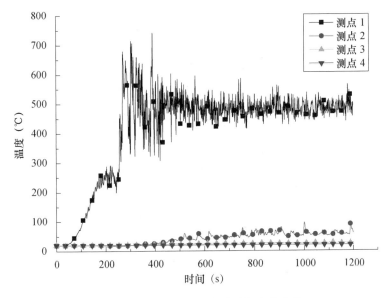

图 4-10 场景一测点温度随时间变化曲线

图 4-11 为火灾场景一下温度场分布云图（单位：℃）。由于测点 1 变化剧烈，测点 2、测点 3、测点 4 变化微弱，因此，场景一主要分析祠堂区域的温度变化。

$t=200s$ 时，以火源区域为中心，通过墙壁热传导效应，将热量持续向两侧输出，云图中火源上下区域沿墙壁的温度明显高于其他区域，上下区域的家具即将作为可燃物被点燃。

$t=300s$ 时，整个祠堂区域温度场分布均匀，温度值明显升高。

$t=400s$ 时，祠堂南侧桌椅被引燃，温度值快速升高至 700℃以上，由于测点 1 处为通风口，整个温度场向测点 1 位置不断发展。

$t=1000s$ 时，高温区域开始向另一侧发展，祠堂区域内温度达到峰值后趋于稳定。

火灾燃烧过程中，很快高温就布满 $H=2m$ 高度，达到人体的耐受极限。在 400s 左右，祠堂外走廊的温度也超过 150℃，远远超过人体的耐受极限。800s 后温度场范围扩大至墙体以外，温度在 300℃左右浮动。

场景一的温度变化较为剧烈，整个模拟的过程为 1200s，实际发生火灾时，贾家祖祠堂火势难以维持 1200s，这是由于在 300s 时，温度已达到 700℃，达到了火灾发展的轰燃阶段。

祠堂内的火情发展应引起注意：中央区域设置了火源点，南北两侧的桌椅布置均一致，其中数量、相对位置、参数属性均保持一致。在燃烧后的 400s 时，南侧区域桌椅首先被引燃，1000s 后高温区域向北侧蔓延扩散，区别于一般的定性认识。这主要是由于高温气体流动过程中产生的复杂多变的驱动力导致的。因此，根据模拟的结果分析，该场景下，南侧区域的桌椅引燃的概率要大于南侧区域，需要在后期的防火规划中对该区域进行一定的加强。例如可将灭火器等设备放置在北侧区域，一旦南侧区域火势形成可以及时进行施救。相反，若将灭火器材放置在南侧区域，可能导致器材的损坏。若加装预警及喷淋系统，南侧区域应增加设备数量，作为重点布防区域。

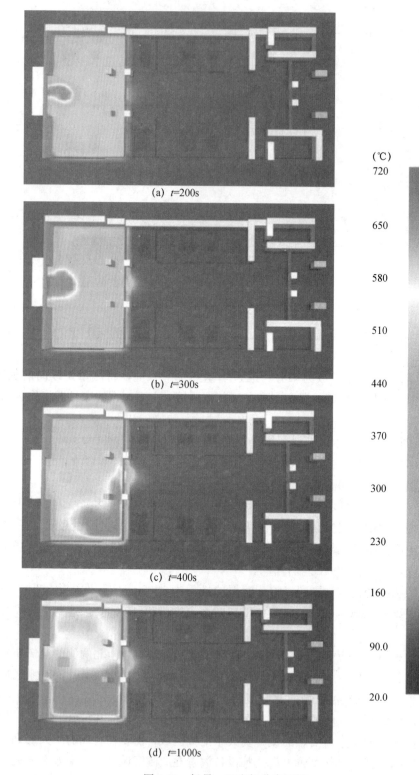

(a) *t*=200s

(b) *t*=300s

(c) *t*=400s

(d) *t*=1000s

图4-11　场景一温度场分布云图

2. 一氧化碳浓度分析

图 4-12、图 4-13 为火灾场景一下的各测点一氧化碳浓度变化情况。氧化物浓度曲线变化可分为三个区段，测点 2、测点 3、测点 4 无明显变化。

$t=0\sim200\mathrm{s}$，线性上升阶段。该区段一氧化碳浓度增长速率快，200s 时，物质的量浓度达到 0.003mol，质量浓度达到 0.0015kg/m³。

$t=200\sim400\mathrm{s}$，振荡阶段。该区段一氧化碳浓度变化出现往复振荡，整体为上升趋势。400s 时，物质的量浓度达到 0.005mol，质量浓度达到 0.003kg/m³。

$t=200\sim400\mathrm{s}$，平稳阶段。该区段一氧化碳浓度变化趋于稳定，整体有下降趋势。稳定段的物质的量浓度达到 0.004mol，质量浓度达到 0.002kg/m³。

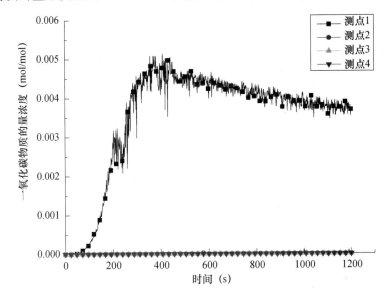

图 4-12　各测点一氧化碳物质的量浓度随时间变化曲线

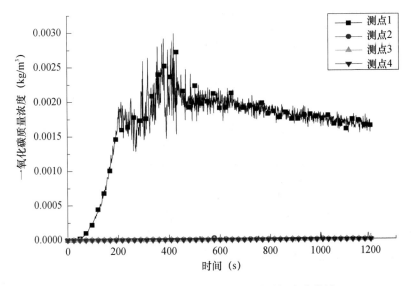

图 4-13　各测点一氧化碳质量浓度随时间变化曲线

　　场景一下测点 2、测点 3、测点 4 烟气浓度几乎无变化。这是由于测点 2 位于厢房中，测点 3 位于中庭部位，测点 4 位于院落入口，受墙体的阻隔作用、中庭的排烟效应等影响，以上三个测点一氧化碳浓度几乎无任何变化。

　　图 4-14 为一氧化碳质量浓度分布云图（单位：kg/m³）。$t=200s$ 时，整个祠堂区域一氧化碳质量浓度已达到 0.0015kg/m³。温度场分析可知，祠堂下部温度高于上部区域，受到烟气携带的大量热量产生的压力将烟气向上部驱动。因此，祠堂上部区域质量浓度普遍在 0.0025kg/m³ 左右。

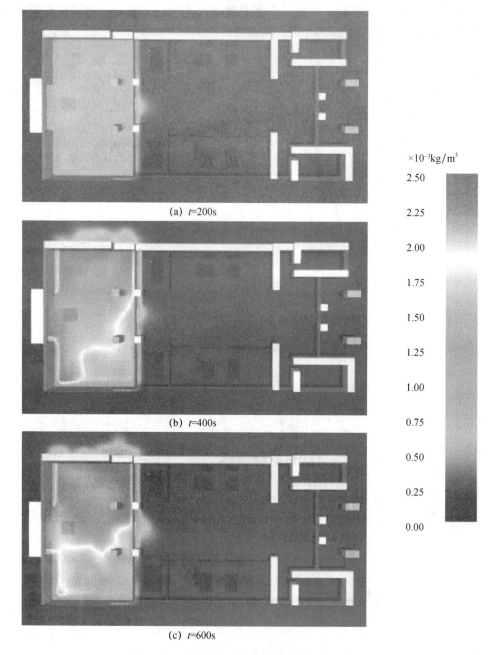

(a) t=200s

(b) t=400s

(c) t=600s

图 4-14　一氧化碳质量浓度分布云图

通过对火灾场景一中的一氧化碳浓度结果分析可知，当祠堂发生火灾后，产生大量的有毒一氧化碳气体，气体主要分布于整个祠堂区，因此，火灾发生后应尽快使祠堂区的人员疏散撤离。

3. 能见度结果分析

图 4-15 为火灾场景一下的各测点能见度随时间变化的曲线。由变化曲线可分析：火灾发生后产生大量烟气，使祠堂区的能见度快速降低。$t=50s$ 时，测点 1 能见度直线下降，$t=100s$ 时，能见度基本为 0m。测点 2 位于祠堂外的庭院中，少量烟气扩散至该处，因此测点 2 的能见度在 500s 后出现周期性变化。测点 2 的能见度属于瞬时变化，仅在某一时刻能见度突然降低，间隔极短时间能见度便重新恢复。因此，一氧化碳浓度变化中测点 2 对此浓度变化极为敏感。测点 3 和测点 4 距离较远或墙体阻隔，能见度无明显影响。

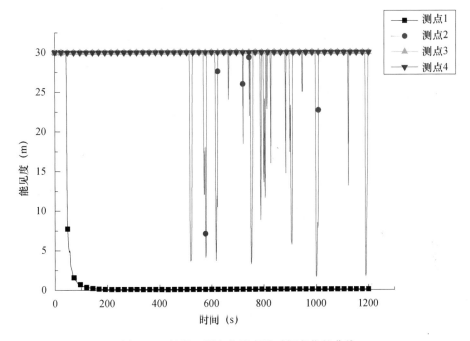

图 4-15　场景一测点能见度随时间变化的曲线

图 4-16 为火灾场景一下能见度变化分布云图（单位：m）。火灾发生 50s 后祠堂区域的能见度快速降低。火灾发生至 600s 时，大量的高温烟气开始大面积出现在祠堂外的走廊，使其能见度下降。400s 时祠堂外部道路能见度降至 3m 左右。通过分析各个时刻的能见度分布云图可知，南北厢房和其余区域未受烟气影响，能见度良好。

通过对火灾场景一能见度结果分析，当祠堂发生火灾后，能见度快速下降，为保证该处火灾人员的逃生，应迅速疏散人员，同时建议安装排烟措施，防止高浓度烟气阻挡疏散出口，建筑外围做好疏散标志，引导逃生。

4. 测点风速模拟分析

图 4-17 所示为火灾场景一下的测点风速随时间变化的曲线。烟气流动过程中进行大量的热辐射、热传导，祠堂区的气流发生剧烈的热对流。各测点均有不同程度变化，测点 1 位于祠堂通风口处，热对流现象最为剧烈。

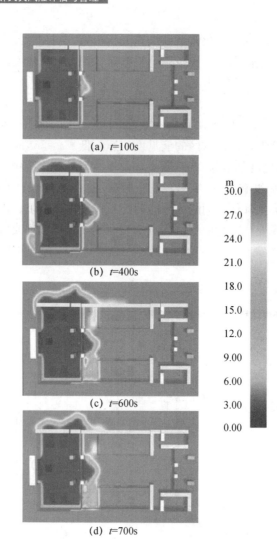

图 4-16 场景一下能见度变化分布云图

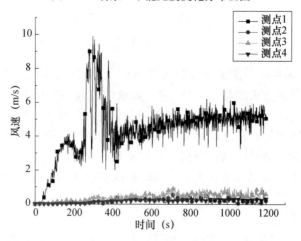

图 4-17 火灾场景一下的测点风速随时间变化的曲线

　　$t=0\sim200s$，测点 1 风速呈线性增长至 4m/s，$200\sim250s$ 时，风速略有下降（至 3m/s）。

　　$t=250\sim400s$ 时，风速变化呈现激烈振荡的情况。300s 时热对流处于最剧烈时刻，瞬时峰值接近 10m/s。该区段内风速整体趋于快速上升阶段。

　　$t=400\sim1200s$，风速趋于稳定状态。稳定峰值为 5m/s。

　　$t=300s$ 时，测点 2、测点 3、测点 4 风速开始变化，测点 3 位于中庭部位，风速略高于测点 2、测点 4。风速维持在 1m/s 以下，受影响程度较小。

　　图 4-18 为火灾场景一下速度场变化分布云图（单位：m/s）。

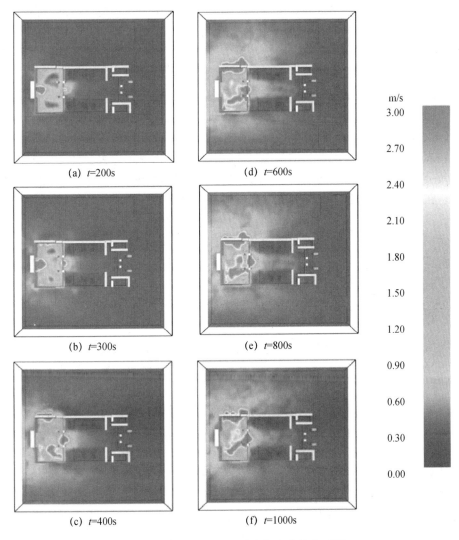

(a) $t=200s$	(d) $t=600s$
(b) $t=300s$	(e) $t=800s$
(c) $t=400s$	(f) $t=1000s$

图 4-18　火灾场景一下速度场变化分布云图

　　由分布云图分析：火灾发生至 200s 时，高速区域位于祠堂内，建筑周围风速变化尚不明显；300s 时，祠堂周围风速开始变化，中庭区域有扩散现象；400s 时，建筑周围风速影响范围已超出模型空间；600s 后火灾的热对流作用趋于稳定，高速区域在祠堂内部、门口、墙体周围。温度驱使下的风速变化已影响周围的道路及邻近建筑。

4.3 火灾情境分析下的古建筑火灾危险要素

4.3.1 人员疏散困难

影响人员安全疏散的原因很多，大致可分为三类：人员自身状况、建筑设计、环境因素。

人员自身状况相对复杂，尤其是遇到突发状况，人员表现相对不一。这是由于突发状况能够迅速给人员心理造成较大的恐慌。火灾一旦发生，极易造成混乱，会对人员的心理和生理造成一定程度的影响。

建筑自身的结构和材料性能、耐火等级等直接影响整个火势的蔓延和燃烧程度。传统四合院形式的古建筑没有明确的疏散门、疏散通道、避难层等逃生途径，即使后期进行人为设置，也难以满足现有规范要求。建筑内部若加装火灾自动报警系统，及时探测出险情，通过警报装置将险情迅速告知现场和工作人员，可极大减小营救、安全撤离及古建筑保护时间，若加装消防联动设施，则在火灾初期甚至未燃阶段及时将险情排除。

建筑火灾中，由于燃烧产生的有毒气体致死的人员比率远远大于直接受到高温灼伤死亡的人员，占比为 $75\% \sim 80\%$。古建筑相比现代建筑能够在短时间内产生和聚集大量烟雾，在前述三种场景下的 1200s 燃烧模拟中可以明显看到烟气的物质的量浓度和能见度上升迅速，设置的 $Z = 2.5m$ 处的感应切片，温度在前期远远超过 200℃。按照澳大利亚生命安全标准而言，离地面或楼面 2m 以上空间平均烟气温度不高于 200℃。显然，烟气在垂直方向上的温度变化对人员安全极为不利。同时，由模拟的烟雾一氧化碳物质的量浓度曲线来看，远超人体能够承受的浓度范围。

4.3.2 可燃物的火灾荷载大

火灾荷载代表的是房间内包含可燃物的多少，它决定着火灾持续的时间和室内温度的变化，是研究火灾及结构抗火设计的基础。我国目前已经有一部分关于火灾荷载的统计数据，但不完善，并且没有相应的火灾荷载不定性的统计分析，不便于分析火灾下建筑结构的可靠度参数，因此对国内建筑火灾荷载不定性参数统计分析非常必要。

各国均已经开展关于建筑火灾荷载分布的调查。1928—1940 年，美国国家标准局对办公室、住宅、医院等建筑的火灾荷载进行了调查。1964 年，日本学者 Kawagoe 和 Sekine 针对日本的办公类建筑进行了火灾荷载数据调查。1977 年，Green 对哈克尼医院进行了火灾荷载的调查。2000 年，H. W. Yii 提出了表面积和可燃物厚度对火灾荷载的影响。Alex C. Bwalya 通过网络调查问卷的方式得到了加拿大 598 户住宅的火灾荷载统计数据，分析了火灾荷载的分布规律。国内陆松伦等论述了火灾荷载密度传统定义的方法和局限性相关文章。王金平、朱江通过试验给出了家具和建筑材料热值表，为火灾荷载的计算提供了参考。

火灾荷载是指房间内可以燃烧的物品燃烧所产生的热量的总和。火灾荷载密度是火灾荷载与房间使用面积的比值。生活中常见的火灾荷载的形式分为以下几类：

1）固定火灾荷载，可以类比于建筑结构荷载中的恒荷载。它是指建筑房间内装饰装修用的位置一般不发生改变的可燃、易燃材料（例如地板、储藏柜、墙纸、地毯、衣柜、窗帘）和建筑结构上用到的部分可燃、易燃材料（例如可燃门、窗、梁、柱等）。由于固定火灾荷载位置不发生变动，一旦形成，很长一段时间内不会发生改变。

2）移动火灾荷载，可以类比于建筑结构荷载中的活荷载。它是指为了房间正常使用而另外添加的物品，可燃物品的数量、位置的变化性大，例如书店的书籍、房间内的装饰物品、教室的桌椅、住宅的家具等。这一类火灾荷载是根据建筑功能的改变或使用者的需要而在类别、数量、排列方式等上发生改变的。

3）临时性火灾荷载，是指可燃物品由进入建筑的人员临时带来并只会短暂停留。这种类型的火灾荷载具有非常大概率的不确定性，常规的计算中一般可以不考虑。

针对四合院古建筑的建筑形式，火灾荷载危险分布主要集中在起火房间、邻近起火房间、庭院。其中危险系数最大的起火房间的特征是房间内部温度先进入稳定阶段并持续一定时间后开始剧烈升高；邻近起火处的房间温度变化受到相邻开口大小、位置、压强等的影响较大，温度随时间发生梯度变化，紧邻房间的温度梯度变化较大，较远房间的梯度变化较小；庭院作为建筑物的开阔场地，温度变化并不剧烈，火灾发生后庭院在一定时间段内是较适宜的逃生场所。

4.3.3 火灾烟气的危险性

1. 火灾烟气概述

火灾是一种多发性灾难，导致巨大的经济损失和人员伤亡。建筑物一旦发生火灾，就有大量的烟气产生，这是造成人员伤亡的主要原因。火灾的燃烧通常是一个不完全燃烧过程。一般的有机物燃烧过程大致分成两个阶段：1）在一定温度下，材料分解出游离碳和挥发性气体；2）游离碳和可燃成分与氧气剧烈化合，并放出热量。在不完全燃烧时，烟气是悬浮的固体碳粒、液体碳粒和气体的混合物。其中悬浮的固体碳粒和液体碳粒称为烟粒子，简称烟。在温度较低的初燃阶段主要是液态粒子，呈白色和灰白色；温度升高后，游离碳微粒产生，呈黑色。烟粒子的粒径一般为 $0.01 \sim 10 \mu m$，是可吸入颗粒物。烟气的主要化学成分有 CO_2、CO、水蒸气及其他气体，如氰化氢（HCN）、氨（NH_3）、氯（Cl）、氯化氢（HCl）、光气（$COCl_2$）等。

火灾发展过程中将释放大量的热能、热辐射、烟气（包括一般热烟气和有毒有害气体），当建筑物中的人看到平常适应的环境由于火灾而变得面目全非时，不可避免地会产生恐惧心理。火灾产物中的温度、烟气层及有毒气体会对火场人员的生理和心理产生极大的影响，从而影响疏散路线的选择和疏散准备时间，最终影响疏散效率。

火灾中产生的高温，在生理上会使火场中的人感到浑身燥热，头昏脑胀，身体虚脱，在心理上又会使火场中的人感到十分紧张、慌乱、惊恐和不安，从而迫使人们采取措施躲避高温的侵袭。如果在火场中无路可疏散，人们一般会选择退到温度较低的某个角落内暂避高温。因此，在火场中最后搜索到的被围困人员，多是在墙角处、厕所内、床底等部位。

火灾烟气可定义为燃料分解或燃烧时产生的固体颗粒、液滴和气相产物。一般来说，火灾中对人员生命安全构成真正威胁的是烟气，调查发现，火灾中因吸入有害燃烧产物而死亡的比率远远高于其他伤害死亡的比率。强烈的浓烟，最先使人们难以忍受，呼吸困难，睁不开眼睛，生理上受到伤害，由轻微中毒到深度中毒，意识能力降低，最后失去知觉以致死亡。当烟雾袭来的时候，有许多人会从房间奔出，冲向走廊，而走廊处一般烟雾更浓，毒性更强，这时人实在难以忍受，又会重新返回房间内，这样的例子极多。如果能暂时忍受烟雾冲出走廊，可能就会安全疏散，而返回房间内往往无路可逃，最终或者是从窗口跳出去，或者是窒息死亡在房间内。

火灾烟雾还会使人的大脑供氧不足，致使思维能力降低、反应迟钝、记忆力和判断力下降。如对疏散方向判断失误，想不起来安全出口的位置，无目的地乱跑，在出口处用手抓门框而不是拧把手，逃出烟雾区后又返回烟雾区等。一般来说，随着烟雾浓度的增加，受害者的记忆力和判断力几乎直线下降。因此，在烟雾较浓时，除非对疏散通道十分熟悉的人，以及预先知道避难出口地点和方向的人，否则是很难找到安全出口的。

火灾发展过程和人员疏散过程是两个相互关联的复杂动态过程，火灾发展过程中将释放大量的热、烟气（包括一般热烟气和有毒有害气体），而火灾产物中的温度、烟气层及有毒气体会对火场中人员的生理和心理产生极大的影响，从而影响疏散行动速度。为简化起见，一般认为火灾中人员移动速度主要受到可见度、有害气体浓度和烟气温度的影响。

2. 烟气的物理性质

烟气流动中携带大量有害物质和温度在一定的压力驱使下与外界进行连续性的热交换，对火场的能见度、氧化物浓度、温度、人员的恐慌程度都会造成极大的影响。因此，研究烟气的运动及扩散规律是保证人员临时逃生疏散的关键，也为消防标识、设备安装规划提供指导。表4-4为烟气产生的三种形式。

表4-4 烟气产生的三种形式

燃烧状况	温度范围（K）	析出物质	析出状态
明火	—	单质形态碳，炭黑	固相颗粒分布于火焰和烟气中
热解	600～900	可燃蒸气燃料单体、部分氧化物、聚合链	液相颗粒、白色烟雾
阴燃	600～800	—	—

火灾烟气的性质取决于燃烧过程中的状态、阶段、热解物质的属性及燃烧工作条件等因素。在火灾模拟和实际消防设计中，研究烟气的物理属性及参数计算，具有重要意义。烟气物理参数主要是指烟气光学浓度、烟气温度、能见距离、烟气允许极限浓度等。

3. 烟气光学浓度

烟气产生时，烟粒子的遮挡作用减弱了光线强度，光线减弱程度与烟气浓度呈函数关系。烟气光学浓度的大小用减光系数 C_s 表示，郎伯-比尔定律规定：

$$C_s = \frac{1}{L} \times \ln\left(\frac{I_o}{I}\right) \tag{4-22}$$

式中，C_s 为烟的减光系数（m^{-1}）；L 为光源与受光体之间距离（m）；I_o 为光远处的光强度，即无烟时受光体处的光强度（cd）；I 为有烟时的受光体处的光强度（cd）。

一般来说，火场烟气的浓度越大，减光系数就越大，光强度就越小，火场中的能见度越差。

火灾时烟气的浓度一般取决于房间的燃烧状况。木材类在温度升高时，发烟量有所减少，在加热温度超过 350℃时，发烟速度通常随温度的升高而降低。这是因为分解出的碳质微粒在高温下重新燃烧，且高温下碳质微粒的分解减弱的缘故。高分子有机材料则恰好相反，发烟速度随温度的升高而加快，且高分子材料的发烟速度也比木材快得多。一旦发生火灾，由高分子材料制作的家具、装饰材料、管道及其保温材料、电缆绝缘层等，会迅速燃烧，扩大火势，同时会迅速产生大量有毒烟气，对人员疏散、扑救造成很大威胁，其危害远远超过一般可燃材料。

4. 烟气温度

烟气温度的大小取决于烟气与起火中心的距离、烟气流动状况等因素。一般火灾烟气的温度在起火点附近可以达到 800℃以上。人员暴露在高温环境下的忍受时间极限根据烟气的温度和湿度存在差异。有关试验表明，身着衣服、静止不动的成年男子处在温度为 75℃的环境中可以坚持 60min；在空气温度高达 100℃的条件特殊（如静止的空气）的情况下，忍受极限时间只有几分钟；一些人可能无法呼吸温度高于 65℃的空气。一般来说，人体的生理极限是吸入空气的温度为 149℃。

5. 能见距离

烟气蔓延过程中，烟气粒子减弱光强，大大降低了火场人员辨认标识的能力，如事故照明灯、应急疏散标识、逃生通道等。当能见度 D 降至 3m 以下时，逃离火场将十分困难。研究表明，烟的减光系数和能见距离的乘积为常数 C，即 $C = DC_s$。该常数具有一定的特殊性，如疏散通道的反光标志、疏散门窗等，值为 2~4，对发光标志、照明指示灯等，其值为 5~10。

反光类标识：

$$D = （2～4） / C_s \tag{4-23}$$

发光类标识：

$$D = （5～10） / C_s \tag{4-24}$$

6. 烟气允许极限浓度

由能见距离可知，为保障安全疏散标识发挥作用，确定最小能见距离称为极限视程，用 D_{min} 表示。D_{min} 的值取决于人们对建筑物的熟悉度。

7. 烟气运动及扩散规律

建筑物发生火灾后，烟气在建筑物内不断流动传播，不仅导致火灾蔓延，也引起人员恐慌，影响人员疏散与消防人员对火灾进行的扑救。为了帮助设计人员正确设计防排烟系统，采取相应措施降低烟气的危害，有必要研究烟气的流动规律。在不同燃烧阶段，烟气流动状态是不同的：火灾初期，烟气比重小，在热压作用下向上升腾，遇到顶棚转化为水平方向流动，此时呈层流状态流动。当遇到梁或挡烟垂壁时，烟气折回在空间上部聚集，当烟气厚度超过梁或挡烟垂壁竖向尺寸时，继而越过梁或挡烟垂壁继续扩散，这一阶段烟气流动速度约为 0.3m/s；轰燃前，烟气扩散速度为 0.5~0.8m/s；轰燃时，烟气被喷出的速度每秒可高达数十米。烟气流动状态在竖直方向与水平方向也是不同的，在竖直方向的扩散速度：火灾初期，烟气上升速度达到 1~2m/s；在热压作用下烟气迅速上升，最盛时达到 3~5m/s；轰燃时达到 9m/s。

烟气流动规律具体有以下三点：流动方向总是由压力高处流向压力低处；烟气流动

速度在燃烧的不同阶段是不同的；烟气流动速度在竖直方向较水平方向上大得多。

建筑物发生火灾时，必然会产生大量烟气，火灾烟气包括可燃物热解成燃烧产生的气相产物，卷吸的空气及多种微小的固体颗粒和液滴的混合物，通常情况下，火灾烟气大多含有 CO、CO_2、H_2S、NO 及氰化氢等多种有毒或有腐蚀性的气体，由于烟气的遮光性、毒性和高温的影响，火灾中的烟气对火场中的人员会造成很大的伤害，也给安全疏散和灭火救援带来很大的困难。

古建筑由于建造年代、结构体型、建筑布局、使用状况等各不相同，在火灾特性上有其特殊性，虽然说古建筑的建筑材料在材料类型、材料成分等方面相对简单，没有现代建筑中的混凝土、玻璃、塑钢、聚酯类和高分子合成材料等新型合成材料，但是，古建筑火灾中也会产生大量的 CO、CO_2 及多种有毒或有腐蚀性气体，对消防队员的扑救工作造成很大的影响，木构架结构在火灾中比混凝土构架或钢构架更易倒塌、掉落。因此，古建筑发生火灾时，能迅速查明起火部位和火灾蔓延方向，对及时控制火势的进一步发展，疏散人员，抢救文物和安全扑救，迅速果断地采取相应的灭火战术和疏散方案有重要的影响。

古建筑火灾中烟气流动和蔓延的驱动力主要包括室内外温差引起的烟囱效应、燃气的浮力和膨胀力、风的影响，有通风系统的古建筑还受到通风系统风机的影响。以下就各影响因素做简要讨论。

1）烟囱效应

多数古建筑开口的数量都比较多，在室内外温差的作用下，室内外的气流上升或下降形成烟囱效应。古建筑由于所处地理位置和当地气候条件的不同会形成不同方向的烟囱效应。

在火灾科学和火灾燃烧学中一般将内部气流上升的现象称为正烟囱效应，将内部气流下降的现象称为逆烟囱效应。在正烟囱效应下，低于中性面火源产生的烟气将与建筑物内的空气一起上升，进入建筑物的上部空间或楼层，若中性面以上的楼层发生火灾，则由于正烟囱效应产生的空气流动可限制烟气的流动，中性面以下流进着火层的空气能够阻止烟气流入着火层以下的空间或楼层。烟囱效应对火灾中烟气蔓延的影响在高层古建筑（如古塔类建筑）火灾中最为明显，由此引起的后果也比较严重。

2）燃气的浮力与膨胀力

本书中的燃气是指由于燃烧生成的高温烟气。这种烟气处于火源区域附近，其密度比常温气体小得多，因而具有较大的浮力。在火灾充分发展阶段，着火房间窗口两侧的压力分布与房间的高度有关，当房间高度较高时，则会因燃气浮力产生较大的压差，从而加速烟气的扩散。

除此之外，燃烧释放的热量还可使燃气明显膨胀并引起气体运动。若着火房间只有一个小的墙壁开口与建筑物其他部分相连，则燃气将从开口的上半部流出，外界空气将从开口下半部流入。当燃气温度达到 600℃时，其体积约膨胀到原体积的 3 倍。根据房间与外界环境的压差公式，这时如果着火房间没有开口或者开口很小，并假定其中有足够多的氧气支持较长时间的燃烧，则燃烧膨胀引起的压差对火灾烟气的蔓延有很大的影响。

8. 烟气的控制

建筑火灾烟气是造成人员伤亡的主要原因，因为烟气的有害成分或缺氧使人直接中毒或窒息死亡；烟气的遮光作用又使人逃生困难而被困于火灾区；烟气的高温危害会导致金属材料强度降低，进而导致结构倒塌、人员伤亡。烟气不仅造成人员伤亡，也给消防队员扑救带来困难。因此，火灾发生时应当及时对烟气进行控制，并在建筑物内创造无烟（或烟气含量极低）的水平和垂直的疏散通道或安全区，以保证建筑物内人员安全疏散或临时避难和消防人员及时到达火灾区进行扑救。在高层建筑中，疏散通道的距离远，人员逃生更困难，对人生命威胁更大，因此在这类建筑物中烟气的控制尤为重要。

烟气控制的主要目的是在建筑物内创造无烟或烟气含量极低的疏散通道或安全区。烟气控制的实质是控制烟气合理流动，也就是不使烟气流向疏散通道、安全区和非着火区，而向室外流动。烟气控制须遵循以下原则：通过划分防火分区和防烟分区，防止火势蔓延和烟气扩散，控制烟气扩散范围；通过将一定量空气送入房间或通道内，使室内保持一定压力以阻止烟气扩散到房间内；在敞开的门洞处保持一定流速，通过控制气流的方向来阻止烟气扩散到疏散通道；通过热压、风压作用或排烟风机作用将烟气从着火房间排除，保证着火房间为负压，以阻止烟气向其他房间或区域扩散。

9. 火场能见度降低

火灾烟气中的烟雾粒子会造成火场中能见度的下降，从而影响人员移动速度。火场能见度与减光系数成反比，减光系数是表征烟气减光性的重要参数，与烟气质量浓度有关。因此，火场中烟气质量浓度越大，减光系数就越大，能见度就越低。可见度降低使人员对疏散出口难以辨别，不能及时绕开障碍物，从而影响人员的移动速度。试验表明，当单个个体聚集成群体时，由于群体的共同行动，可见度对速度的降低作用减弱。

10. 烟气的毒性

1) CO 的毒性

烟气中的有毒气体对人体的伤害，与气体浓度和暴露时间有关，人体器官积累的有害物质越多，伤害就越大，当积累到一定量的时候，人会因为生理问题而降低疏散速度。烟气中的毒性物质较多，影响也较复杂，其中最主要的是 CO，因此一般用一氧化碳的毒性描述有害气体对人员生理的影响。不同的人对 CO 毒性的敏感度不同，自身疾病、饮酒、性别等因素都会影响人体对 CO 的敏感度。血液中 HbCO 的浓度与中毒症状的关系见表 4-5。

表 4-5　血液中 HbCO 的浓度与中毒症状的关系

HbCO（%）	中毒症状
0~10	症状不明显
10~20	可能有轻度头痛，皮肤血管扩张
20~30	头痛、颈额部有搏动感
30~40	剧烈头痛，软弱无力，视物模糊，眩晕、恶心、呕吐、虚脱
40~50	上述症状加重，更易发生晕厥及虚脱，呼吸、脉搏加速
50~60	呼吸、脉搏明显加速，前述各症状明显加剧，昏迷中有惊厥
60~70	在上述病情基础上，呼吸及脉搏减弱，常可发生死亡
70~80	脉搏微弱，呼吸弱慢，进而因呼吸衰竭死亡
>80	可即时致死

2）HCN 的毒性

HCN（氰化氢）是火灾有害燃烧产物中的快速剧毒物之一，含氮有机物干馏或不完全燃烧均可以产生大量的 HCN。HCN 浓度与人体中毒症状的关系见表 4-6。

表 4-6　HCN 浓度与人体中毒症状的关系

HCN 在空气中浓度（mg/m³）	毒性作用
5～20	2～4h 使部分接触者发生头痛、恶心、眩晕、呕吐、心悸等
20～50	2～4h 使接触者均发生头痛、眩晕、恶心、呕吐及心悸
100	数分钟即使接触者发生上述症状，吸入 1h 可致死
200	吸入 10min 即可发生死亡
>550	吸入后可很快死亡

火灾烟气中 HCN 主要通过呼吸道进入人体，之后迅速离解出氰基 CN^-，并迅速弥散到全身各种组织细胞，CN^- 与呼吸链中氧化型细胞色素氧化酶的辅基铁卟啉中的三价铁离子（Fe^{3+}）迅速牢固结合，阻止其中 Fe^{3+} 被还原成 Fe^{2+}，中断细胞色素 aa3 至氧的电子传递，NADH 呼吸链被阻断，使生物氧化过程受抑，产能中断，虽然血液为氧所饱和，但不能被组织细胞摄取和利用，引起细胞内窒息。由于中枢神经系统分化程度高，生化过程复杂，耗氧量巨大，对缺氧最为敏感，故 HCN 首先使脑组织功能受到损害。对 HCN 毒性的脑电研究可知，HCN 首先造成大脑皮层的抑制，其次抑制基底节、视丘下部及中脑，而中脑以下受抑较少。

烟气中的有毒气体对人员的伤害，不仅与气体浓度有关，还与暴露时间有关，人体积累的有害物质越多，伤害就越大，当积累到一定量值的时候，人会因为生理问题而降低疏散速度。烟气中的毒性物质较多，影响也较为复杂，其中最主要的是 CO，因此一般用 CO 的毒性来描述有害气体对人员疏散速度的影响。

11. 烟气的高温

除了缺氧窒息和烟气毒性外，火灾造成人员死亡的另一个重要原因是燃烧产生的热。当烟气层高度下降至与人直接接触时，烟气对人的危害是直接灼伤。资料显示，要造成皮肤二级烧伤，71℃时只需皮肤在烟气中持续暴露 60s，82℃时需要 30s，100℃时需要 15s。

在火场中，烟气温度在对人员不造成伤害之前，由于它的刺激作用，正好形成与一氧化碳相反的效应：当火灾中的人员感觉到一定的烟气温度而出现不适的时候，在可能的情况下，他们一般将加快疏散的步伐，而如果温度继续增加，则高温烟气将对人员造成烧伤从而影响人员的疏散速度。

12. 缺氧

可燃物在燃烧过程中将消耗大量氧气，着火区域也充满着各种燃烧中形成的有毒和无毒的气体，使空气中的氧浓度大大降低，特别是在密闭性较好的房间，含氧量的降低是显著的。烟气中含氧量往往低于人们正常生理活动所需要的数值，缺氧将导致人体的呼吸、神经、运动功能受影响。当空气中含氧量降到 15% 时，人的肌肉活动能力就下降了；降到 10%～14% 时，人就四肢无力、神智混乱、辨不清方向；降到 6%～10% 时，人就会昏倒。对处在着火房间内的人们来说，氧气的短时间致死浓度为 6%。所以着火房间内气体中的含氧浓度低于6%时，在短时间内人们将因缺氧而窒息死亡，即使含氧量在6%～14%，虽然不会短时间死亡，人们也会因失去活动能力和判断力下降而无法逃离火灾现场或昏倒而被烧死。空气中缺氧对人体的影响见表4-7。

表 4-7　空气中缺氧对人体的影响

空气中的含氧量（%）	人体反应	空气中的含氧量（%）	人体反应
21	正常	7～11	失去理智、痉挛、脸色青紫
15～17	焦虑、不安、恶心、头痛、判断力减弱、视力减弱、头晕、有虚脱感	5～9	昏睡、呼吸停止、循环虚脱

5 砖木结构古建筑性能化防火分析

5.1 概述

为了预防建筑火灾，减少火灾危害，保护人身和财产安全，各国建设部门综合社会经济水平、科技水平，并结合长期的治火经验，编制了建筑设计防火规范用于指导建筑设计中的消防相关设计。这些规范大多根据建筑物的规模、结构及使用类型进行分类并对各类型建筑的消防安全指标进行了具体的规定，我们称之为"指令性"设计规范。我国现行的建筑设计防火规范均属于指令性设计规范。

20 世纪 80 年代"以性能为基础的防火设计方法"出现，并成为当前国际建筑防火设计领域研究的重点，性能设计不是根据确定的、一成不变的模式进行设计，而是运用消防安全工程学的原理和方法首先制定整个防火系统应该达到的性能目标，并针对各类建筑物的实际状态，应用所有可能的方法去对建筑的火灾危险和将导致的后果进行定性、定量的预测与评估。

5.1.1 国外性能化防火设计的发展

1. 英国

1985 年和 1991 年，英国先后对建筑规范进行了两次修订，明确提出可以将性能化设计方法作为一种可选的防火设计方法，率先实现了建筑防火设计由处方式设计规范向性能化设计规范的转变。为稳妥地推行性能化防火设计，必须建立一种为大家共同认可的性能化设计说明。在 1997 年，英国标准 BSDD240《建筑火灾安全工程》(*Fire Safety Engineering in Buildings*) 正式发布。该文件分为两部分，第一部分为"火灾安全工程学原理的应用指南"，第二部分为"对第一部分中所列方程的评注"。第一部分是该标准的主体，包括 16 章和 4 个附录。总体来说，它将性能化设计过程概括为 4 个基本步骤，即定性设计审查、定量分析、防火性能化判据的比较和编制设计报告。

定性设计审查是由防火安全工程师对建筑师提出的建筑设计初步方案进行定量化的审查，包括对建筑物、环境和有关人员的特点进行定性化的描述，建立防火安全目标及疏散总体方案，确定量化判据和火灾危险，提出初步的防火设计方案等，并明确防火分析过程中应包括的人员。

定量分析主要是运用火灾科学和有关的工程学原理和方法，结合预设的火灾场景，讨论可采用的各种消防设施及它们的组合形式，而后对这些设施在火灾过程中的作用进行分析，从而对防火设计方案的合理性和科学性做出定量的评价。为此，需要按照确定性和随机性的方法，建立定量化的火灾场景，计算烟气的发展过程及轰燃时间，分析火灾对人的危害程度和烟气向外蔓延的时间。然后将有关的方案进行比较，以确定最佳设计方案。

最后，将有关的分析与计算结果对照并与防火性能判据进行比较，分别就人员生命、财产和环境安全等得出分析结果，并形成报告文件。

目前在英国，性能化防火设计与处方式防火设计是并行使用的。

2. 北欧国家

1994 年，NKB 的防火安全委员会在 SO/TC92/SC4 等工作的基础上，制订了"下一世纪防火安全规范"的研究计划。其重点放在以下两个主要的领域：

1）建筑安全等级，允许采用性能化的防火设计方法；

2）为进行性能化设计提供设计指南。

该委员会在本项工作中形成的文件包括两个部分，即第一部分"防火安全的性能要求"和第二部分"计算与验证技术的指南"。

文件的第一部分讨论了建筑防火安全性能，主要涉及：（1）建筑承重结构的稳定性；（2）火灾与烟气在建筑物内部的发展与蔓延；（3）火灾在建筑物之间的蔓延；（4）人员的安全疏散与救援人员的安全。这一部分对建筑物预期的安全性能记录给出了简要非定量的说明。文件的第二部分说明如何对防火安全性能化进行计算或验证，主要包括：（1）防火安全目标；（2）设定火灾；（3）火灾在起火房间内的发展；（4）火灾与烟气向邻近房间的蔓延；（5）火灾向邻近房间的蔓延；（6）火灾探测与逃生时间的计算。

NKB 规范的突出特点是它引入了建筑物使用类别和安全等级的概念。使用类别反映居住人员及其活动特征的使用情况。从本质上说，这种类别是针对每类建筑划分人员、环境和社会风险的一种方法。安全等级是考虑火灾可能对人身安全、环境及社会所造成的危险制定的，共分为低、中、高和超高 4 个等级。

与其他的防火工程设计指南相比，NKB 技术指南的篇幅及对安全系数、安全等级和建筑类别的处理更为详尽。瑞典隆德大学的马格纽森等在火灾模拟方面引入了随机性分析，在火灾性能化计算中包括大量的确定性和随机性的方法。在性能化设计中，使用了可靠性理论和定量风险分析，并且研究了如何降低其火灾危险性。

3. 澳大利亚

澳大利亚也是开展性能化设计研究较早的国家之一。在 20 世纪 70 年代末，人们就开始进行建筑火灾危险评估模型的研究，以便进行建筑物的火灾安全功能和消防费用分析。

为推广实施性能化设计规范，澳大利亚的"建筑规范委员会"与工业研究部联合组成了一个新的机构——防火规范改革中心，其任务是为开展性能化防火安全设计并改革现行规范开发一种经济有效的工程方法。1996 年，该中心推出了《防火工程指南》。该指南以落实性能化设计规范为中心，制定出一套三等级的防火工程系统评估方法。第一级称为子系统的相当性评估。此方法适用于评估防火系统工程中某一部分的运行性能，并将此部分与一个已知的符合建筑法规的部分相比较。第二级称为系统性能评估。这一评估方法用于分析整个防火工程系统中的各个子系统的相互作用。在分析过程中选择一个或多个有代表性的最危险的场景，以保证足够的安全系数。运用这一等级的评估方法可以得出直观的安全量值，也可以得出当前系统同一个已知的符合传统的处方式设计规范的系统的比较值。第三级是综合性的评估方法，也就是系统风险性评估，适用于分析或评估大型综合建筑或高度创意的建筑。这一方法以概率论为基础，结合考虑一连串可能发生的火灾事件及它们发生的频率，联系各种消防措施的可靠性和有效性，最后对总体设计的安全性和合理性做出综合评估。这一方法的复杂程度要高于前两种方法，但它为工程设计提供了一个更灵活和更宽广的平台。

4. 日本

1982 年，日本建设省制定了发展性能化防火设计的 5 年研究计划。该计划的目标是发展一个建筑火灾安全方面的国家级评价方法。该方法以日本建筑基准法第 38 条的等效条款为基础，通过建设省的特殊审批体系而广泛应用于建筑防火设计中。该方法的法律目的：预防火灾发生；保证火灾中的人员安全；预防财产损失；保护公众及起火建筑外的公众利益。最后一个目的主要与防止火灾在建筑物之间的蔓延有关。

这一项目的研究结果形成了一套内容广泛、全面的文件汇编，包括综合防火安全、预防火灾的发展和蔓延、烟气的控制、人员疏散和结构耐火设计 5 个子系统。每个子系统包括基本要求、工程评估的技术标准、相关火灾现象的计算方法和测试方法 4 部分。现在该汇编已被译成中文，并以《建筑物综合防火设计》为书名出版。

1998 年，日本汲取了国外关于性能化设计研究的新进展，对建筑防火设计的规范体系做了进一步的改进。新体系更重视以下几方面：（1）烟气控制和人员安全疏散；（2）火灾发生与发展的预防；（3）建筑结构的耐火；（4）火灾向其他建筑蔓延的预防。

5. 美国

美国是开展性能化防火设计研究较早的国家，从 20 世纪 70 年代起，人们便开始了较系统的研究，但是当时并没有提出以性能化为基础的概念。

1971 年，美国的通用事务管理局在弗吉尼亚州召开了两次高层建筑防火安全国际会议，提出在建筑火灾分析中需要采用系统方法。不久，通用事务管理局和美国国家标准局在此基础上发展出了事件逻辑图示法，它基本上是一种事件树法。经过系统的改进，这一事件树形成了通用事务管理局《建筑火灾安全判据》附录 D "以目的为基准的建筑防火系统方法指南"。

此后，美国在这些方面开展了一系列的研究，其中一个重要的研究成果是形成了 NFPA 550 标准《防火系统概念树指南》，它已成为分析建筑物火灾安全的重要工具之一。根据通用事务管理局《建筑火灾安全判据》附录 D 产生的另一个重要的成果是 NFPA101A 标准《保证人员安全的替代性方法指南》，其中的防火安全评估系统已明显体现以火灾性能为基础的思想。

20 世纪 80 年代，在美国火灾研究基金会的组织下，美国实施了一个国家级的火灾风险评估项目，有美国国家标准与技术研究院、NFPA 等多个机构参加，目标是开发一个可用于建筑物内部的基于防火目的的、综合的和被广泛使用认同的火灾风险评估方法，其结果是形成了 FRAM-WORKS 模型。该模型可将特定火灾场景下评估特定产品的量化方法与给定火灾场景下相关的火灾死亡人数的统计方法相结合，这样新的或替代产品的影响也可以按基准场景进行评估，从而决定有关产品的改变对风险相对值变化的影响。

与此同时，美国防火工程师协会认识到，从事实际工作的防火安全工程师在建筑设计过程中需要掌握更多的火灾科学和火灾安全工程学的知识。为此,该协会于1988年编辑出版了综合性和实用性均很强的大型工具书SFPE,其中有《防火工程手册》(*Handbook of Fire Protection Engineering*)。人们普遍认为,该手册是支持性能化防火安全设计的重要文献。1995年,该手册又发行了第二版,包括的内容几乎增加了一倍,它的应用范围相当广泛。2002年,该手册发行第三版,其中不少章节进行了改写,并收录了近几年的研究成果。

1991年,在伍赛斯特理工学院召开了一次21世纪防火安全设计研讨会,探讨在新世纪防火安全设计的一些重要目标、障碍和策略。这次会议对推动美国的性能化防火设计研究起了重要作用。此后,卡斯特和米切姆等人开始研究性能化分析与设计的步骤,将新的设计观念转变为实际的设计过程。他们的研究对其他人开展性能化防火设计提供了很大帮助。1997年,他们合著的《以性能为基础的火灾安全导论》出版,这是性能化方法研究的一个重要的阶段成果。2000年,SFPE又在卡斯特等人的研究基础上,编写了《建筑物性能化防火分析与设计工程指南》。该书对美国推荐的性能化防火设计步骤做了更清晰的概括,现已成为各国开展性能化防火方法研究的重要参考资料。

5.1.2 国内性能化设计方法发展状况

我国从20世纪80年代开始了火灾科学和相关工程技术研究,但是直到1995年的国家科技攻关项目"地下大型商场火灾研究",人们才开始关注建筑物的性能化防火设计。到2000年,我国才开始进入建筑物性能化防火设计全面研究阶段。与发达国家相比,我国的性能化防火设计发展相对落后,且我国现行的建筑设计防火规范仍以"处方式"的标准为主,而在性能化防火理论书籍或指导性条文上,国内出版了《性能化建筑防火分析与设计》《建筑性能化防火设计》《建筑性能化防火设计通则》等,但随着建筑市场的开放和发展,面临的新建筑形式和技术越来越多,相关的研究必然越发深入,而早日推广建筑的性能化防火显得尤为重要。

在"十五"期间,在公安部消防局的主持下,公安部天津消防研究所、公安部四川消防研究所、中国建筑科学研究院、中国科学技术大学等单位共同承担《建筑物性能化防火设计技术导则》课题的研究工作。该导则规定了性能化防火设计的适用范围、设计计算工具及设计要达到的消防安全水平。该导则还确定了在我国开展性能化防火设计的一般步骤,并结合我国的防火设计规范体系,参考中国科学技术大学火灾科学国家重点实验室等单位开展的大量火灾试验数据,对火灾场景与火灾增长分析、人员疏散计算方法、烟气流动模拟方法做了细致的描述,为性能化工作在我国的开展奠定了初步的基础。

5.2 古建筑性能化防火评估的方法与步骤

5.2.1 性能化评估的方法

性能化消防设计包括确立消防安全目标、建立可量化的性能要求、分析建筑物及内部情况、设定性能设计指标、建立火灾场景、选择工程分析计算方法和工具、对设计方案进行安全评估、制订设计方案并编写设计报告等步骤，即：1）确定工程场址或工程的具体内容；2）确定消防安全总体目标功能目标和性能要求；3）建立性能指标和设计指标标准；4）建立火灾场景；5）建立设计火灾；6）提出和评估设计方案；7）编制最终报告等。

5.2.2 古建筑防火性能化评估方法的优势分析

文物保护专家历来都对在古建筑内安装消防设施存在异议，主要有三种观点：一是对古建筑本身价值的影响；二是对古建筑本身的伤害；三是对古建筑美感的影响。但现有的"处方式"设计方法在对古建筑实施保护时往往显得捉襟见肘，不切合实际。

性能化消防设计方法则给我们提供了另一种思路，这种设计方法突破了传统设计针对建筑物结构类型、相应的层高及面积的限制，具有更加灵活而有效的设计选择性。它强调两个关键点，一是确认危害，二是明确设计目标。具体来说是结合古建筑的地理特点外部特征、构件形式内部空间管理方式等因素，对每种危害或者每个设计区域选择设计方法及评估方法，最终采取一种特殊的设计变通方案使消防设备与古建筑场所的特征有机地结合起来。因此，性能化消防设计方法的概念和原理在解决传统的"处方式"消防设计存在困难的文物古迹场所具有不可替代的优势：一是确定了古建筑的防火安全目标和性能要求；二是达到安全目标所采取的方法具有灵活性，不做硬性规定；三是通过对设计方案进行评估，使消防设施在满足功能要求的同时，与建筑的整体风格相和谐，达到不影响建筑原貌特征和内部结构的目的。

5.2.3 古建筑防火性能化防火评估步骤

古建筑防火性能化评估方法是以性能化建筑防火设计方法为背景，综合考虑古建筑的整体消防安全性能，通过对柱、梁等结构构件燃烧性能等的分析设定火灾场景，对古建筑的耐火性能等目标结果进行预测，并以性能化防火安全标准为主、指令性规范设计为辅，对古建筑所具备的防火安全性能水平进行综合评估认定，从而为制定相应的防火安全措施和管理制度的决策提供性能化依据。

1. 确定分析对象的现场状况

古建筑的火灾危险性评估应首先分析有关建筑的地理环境和结构特点，例如，应了解古建筑构件的耐火性能、典型构件的防火保护、防止火灾和烟气蔓延的重要措施等，重点考虑古建筑构件木质干燥含水量低、火灾负荷大、烟雾生成量大的特点。进行火灾危险分析时，应当将最可能发生且危害最大的情形进行重点分析，或者说按可能出现的最危险状况进行分析，这样就可以保证在任何情况下发生的灾害性结果都不超过评估中考虑的结果。

2. 确定评估目标

建筑防火设计的评估目标是进行性能化设计开始之前作为设计的重点问题。总体来说，基本的防火安全目标可分为与生命安全直接相关的目标和与其他安全相关的目标，前者考虑的是在火灾中的各类人员的安全，后者包括保护财产安全、保证系统运行的连续性保护环境等。古建筑消防安全保护的评估目标应是确保不发生火灾或在发生火灾时能把火灾消灭在初期阶段，减少古建筑发生坍塌或火灾向四周蔓延的可能性。

3. 确定火灾场景

火灾场景应根据最不利的原则确定，选择火灾危害较大的火灾场景作为设定火灾场景，必须能描述火灾引燃增长和受控火灾的特征、烟气和火势蔓延的可能途径，设置在建筑室内外的所有灭火设施的作用和每一个火灾场景的可能后果。

在中国古建筑文化中，建筑结构以木质结构为主，一般都建造在高台基座之上，四面迎风，通风条件好。以木材为主的整个结构就像炉子一样，木构件相当于炉子中架空的干柴，建筑周围的墙壁、门窗和屋顶上的陶瓦等围护材料相当于炉膛，整个结构形式极易燃烧而且火灾时由于火焰和高温集中在屋顶内部不易失散，古建筑发生火灾后，总是屋顶先塌、墙柱后倒。2004 年 5 月 11 日，被称为"天下第一土雕大佛"的稷山佛阁寺遭雷击失火后，屋顶塌落充分证明了这一点。因此，古建筑火灾场景的设定应综合考虑可燃物的种类及其燃烧性能、可燃物的分布情况、可燃物的火灾荷载密度等因素，必要时应通过试验的方法确定。

4. 火灾过程的定量计算

古建筑火灾场景确定后，可以运用火灾模拟工具对古建筑内火灾蔓延趋势及烟气运动发展进行模拟，确定火焰传播速度方向温度、高温烟气等因素随火灾发展时间而变化的情况，从而积极地指导古建筑的防火及灭火体系的建立。

作为一种建筑消防设计工具的火灾数学模型，在有关分析和设计中起着关键作用。近年来火灾模化经过了区域模化、场模化、网络模化和场区网复合模化的发展，从过去的以理论研究为主体向注重实际应用国外在火灾模化理论成果的基础上，已开发出一批具有实用价值的计算机火灾模型和消防安全评估软件。这些数据可直接用于建筑物的防火安全设计、消防设施的作用分析等方面，也可为其他安全分析方法提供必要的参数。不过对某些方面的危险性分析来说，仅有火灾过程模拟计算的结果还不够，往往还需要一些其他方的分析结果进行充实，如可以借鉴指令性规范中的某些条款等。

5. 具体评估设计方案分析

深入分析各有关因素对实现古建筑防火安全目标的影响，是火灾危险性分析的关键一环，主要的影响因素包括：古建筑的结构特点、古建筑内可燃物的燃烧性与分布状况、古建筑室内外环境对火灾发展的影响、消防设施的配置状况、古建筑使用者的特点、消防部门救援的状况等。进行火灾危险性分析必须紧密结合古建筑的具体情况。

对古建筑火灾，人们是不会任其自由发生和发展的，相关人员都会在其可能的范围内采取一定措施加以干预，这都可以在一定程度上影响火灾的发展过程，因此可对各种消防措施及其集成应用做出客观正确的分析。

6. 防火性能改进决策

"安全"是一个相对的概念，古建筑安全同样也不例外。一幢建筑在一段时间内没有发生火灾，并不能说它以后不会发生火灾，火灾的发生经常是出乎人们意料的。然而通过大量细致的安全工作，可以使发生火灾的时间间隔延长，或者在刚出现火灾苗头时就将其控制住或排除掉，但并不能认为能够将火灾发生的概率降低为零。毫无疑问，多采用一些消防设施一般有助于减小火灾的直接损失，但所用的设施越多，消防投资也越大，因此需要综合考虑。总体来说，防火性能改进决策的主要任务就是确定使火灾代价接近到最小的范围而使古建筑得到最大的安全保护。

5.3 古建筑群火灾危险分析及性能化防火分析案例

5.3.1 火灾荷载

1. 火灾荷载密度

古建筑内所有可燃物完全燃烧时放出的总热量称为火灾荷载。通常采用单位面积上所承受的热量来表示建筑物的火灾荷载密度。研究火灾荷载是判断和预测可能出现的火灾的大小和严重程度的基础。火灾荷载包含固定荷载和活荷载。

一般认为，相同使用功能的古建筑物随着年代增加，其火灾荷载也增加，研究表明，相同功能建筑物内火灾荷载具有正态分布规律，火灾荷载 ω 的分布规律如下式表示：

$$f(\omega) = \frac{1}{\sqrt{2\pi}\sigma_w}\exp\left[-\frac{(\omega-\mu_w)^2}{2\sigma_w^2}\right] \tag{5-1}$$

式中，ω 为火灾荷载（kg/m^2）；$f(\omega)$ 为概率密度分布；σ_w、μ_w 为标准差、平均差（kg/m^2）。

在计算古建筑物的火灾荷载时，通常是对古建筑物内的可燃物种类和自重进行统计，再根据不同可燃物的热值大小计算火灾荷载密度。火灾荷载密度计算公式如下：

$$q = \frac{\sum M_V \Delta H_c}{A_t} \tag{5-2}$$

式中，q 为火灾荷载密度（MJ/m^2）；M_V 为单个可燃物质量（kg）；ΔH_c 为单个可燃物有效热值（MJ/kg）；A_t 为房间地面面积（m^2）。

以韩城市党家村贾家祖祠为例，计算贾家祖祠主房的火荷载密度。由于统计过程中，难以计量建筑物内部木材质量，尤其是建筑物上部的梁、板、檩条等木质材料，故该计算不含梁、板、檩条等。松木密度取 $440kg/m^3$，松木燃烧热值取 $19MJ/kg$，按照 6 个方桌、10 个单人扶手椅、4 个长凳，折合 1 个小家具进行计算，表 5-1 为古建筑常见可燃物热值。

$A_t = 71.56m^2$

$V_柱 = \pi \cdot 0.128^2 \times 3.447 \times 4 + \pi \times 0.128^2 \times 4.3836 + \pi \times 0.16^2 \times 4.383 \times 2$

$m_柱 = \rho_松 V_柱$

$W_{柱热值} = \rho_松 \cdot V_柱 \cdot \Delta H_c = 23130.448$（MJ）

$W_{家具热值} = 420 \times 6 + 330 \times 10 + 170 \times 4 + 250 = 6750$（MJ）

$q = 417.56MJ/m^2$

不完全统计下的火灾荷载密度已经为 $417.56MJ/m^2$，若加上大量的木质门窗、梁板、檩条等燃烧热值，最终的火灾荷载密度初步估算应在 $1000MJ/m^2$，形势严峻。

表5-1 古建筑常见可燃物热值

可燃物	热值（MJ）	可燃物	热值（MJ）
餐桌	340	椅子	250
凳子	170	大碗橱	1200
小食品柜	420	餐具橱	1500～2000
书橱	840	小家具	250
小餐桌	170	独腿小圆桌	100
方桌	420	单人扶手椅	330
单屉桌（空）	330	衣柜（空）	500
普通床	1100	木床	1600
木床带棉垫	450	床头柜	160
五斗橱	1000	木地板	83.6
窗帘	10	地毯	50

2. 火灾荷载危险分布分析

针对四合院古建筑的建筑形式，火灾荷载危险分布主要集中在起火房间、邻近起火房间、庭院。其中危险系数最大的起火房间，特征是房间内部温度先进入稳定阶段并持续一定时间后开始剧烈升高；邻近起火处的房间温度变化受到相邻开口大小、位置、压强等的影响较大，温度随时间发生梯度变化，紧邻房间的温度梯度变化较大，较远房间的梯度变化较小；庭院作为建筑物的开阔场地，温度变化并不剧烈，火灾发生后庭院在一定时间段内是较适宜的逃生场所。图5-1为四合院式古建筑危险分布。

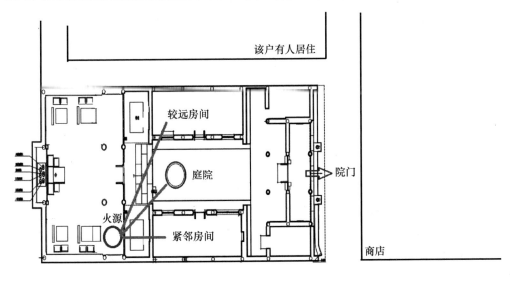

图5-1 四合院式古建筑危险分布

5.3.2 党家村群落性能化防火分析

古建筑的防火保护通常以预防为主。以党家村古建筑为对象，以实际调研数据和贾家祖祠的火灾模拟分析为依据，对党家村进行详细的防火技术分析，包括建筑群落内防火区域的三级划分、消防设备系统规划、安全疏散及逃生避难三个部分。防火区域的划分依据防火区域面积要求、古建筑物等级或保护程度、自然的区位分割等原则。消防系统以水源储备、布置、灭火器、自动报警系统等组成。安全疏散及逃生依据实际调研的各个区域现状、道路宽度、防火区域划分、影响人员逃生的因素等规划逃生路径，为今后党家村的防火工作和消防逃生规划、预测提供参考依据。

1. 防火区域划分的必要性

现存古建筑多以群落聚集的形式存在，互为依承，古代防火措施匮乏，不具备完善科学的防火措施。各个庭院之间错落有致，巷道狭小，巷道宽度及纵深不一，多有端巷存在，难以保证有合理的防火间距及防火区域的隔离。以韩城市党家村为例，村内巷道最窄处仅1.4m，平均宽度在3m左右，巷道纵深最大为44m左右，且存在多处端巷和旧建筑倒塌后堆积而成的端巷。整个村落的四合院密集度高，大部分建筑屋檐向外延展。一旦村落内一处或多处建筑发生火灾，极有可能出现"火烧连营"的现象。因此，对党家村这类古建筑群落进行合理的防火防烟区域分割，采取科学有效的防火措施，对保护古建筑群落具有重大意义。另外，对古建筑的防火分隔，必然会对原有古建筑的整个格局、结构、外貌、使用功能等方面造成一定程度的影响甚至破坏。古建筑的保护，更多的是以发展的眼光来看待，不能一味地保护和过度强调其"古老"而放弃现代化的防护手段。因此，对古建筑进行二次的保护和开发的过程中，采用现代的保护技术手段和管理意识十分有必要，但在进行防火划分及防火技术的处理上，遵循的原则是尽可能地降低对现有建筑影响和破坏，尽量对古建筑采取最小的防火防烟单元的划分，将损失降到最低。

1) 控制区域的划分原则

火灾产生、发展机理涉及多种因素和条件。发生火灾时，主要的危险源是火源本身和产生的大量有毒有害气体。研究表明，在火灾过程中，烟气的危险程度要远远大于火源所造成的危害，主要是燃烧过程中大量烟气不断产生和涌入其他区域，造成一定区域内的烟区聚集，形成大面积的有毒区域，对整个区域的可视性、能见度产生较大影响，对人员心理造成巨大恐慌，同时人员在吸入一定量的有毒烟雾时，会出现昏厥、血压急剧升高等一系列不良反应，进一步延缓了逃生和救助的时间，对自救和外部救援都会产生较大的困难。对古建筑而言，多为旅游开发景点，游客对该区域相对陌生，一旦发生突发状况，人员会迅速撤离直接燃烧点，向周边区域进行疏散。为保证人员安全，建筑内外部一旦发生火灾，首要任务是将产生的大量有毒气体控制在一定的合理区间之内，采用技术手段将其迅速排出。因此，将着火区域设定为排烟区域，非着火区域如疏散通道和紧急避难区域设定为防烟区。

烟气控制区域的划分应遵循以下原则：烟气控制区域不得跨越防火分区的设置，防火分区的最大建筑面积应满足国家现行设计防火规范要求；现代建筑的防火分区单元面积应控制在 $500\sim5000\text{m}^2$ 范围内，由于古建筑的特殊性，一般将每个控制单元的面积限定在 500m^2 以内。

2）防烟控烟的基本方式

火灾烟气的流动形式主要受到燃烧时产生的热压作用、现场风压作用、建筑物内部空气的流动阻力和建筑自身的通风条件的影响。烟气的流动一般是沿垂直方向蔓延，然后向水平方向蔓延，垂直方向的流动速度要远远大于水平方向的流动速度。烟气流动过程中携带大量的热量，不断与新接触的外界空气、建筑构件进行热交换、热传导甚至直接的燃烧，导致火势不断扩大和蔓延。研究表明，火势蔓延途径有内外墙门、外墙窗口、中庭、闷顶、内部隔墙、穿越楼板等。采用 FDS 后处理软件 Somkeview 可以直观地看到三种不同火灾场景下各个燃烧段的烟气流动形式。选取第 4 章模型分析中的火灾场景一、三来表现不同时间段的烟气状况，图 5-2 为场景一、三烟气蔓延图。

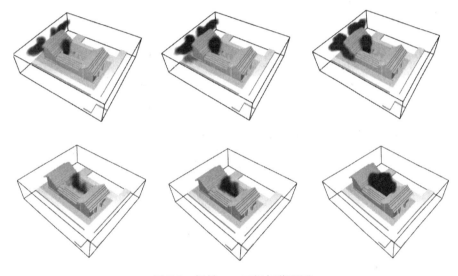

图 5-2 场景一、三烟气蔓延图

场景一、三的火源设置分别在主房内部、厢房，场景一烟气沿着内外墙的开口、缝隙、开设门窗进行流动，场景三烟气在厢房内部形成，沿着门窗洞口直接进入中庭区域，与外部空气进行直接的热交换。模拟显示，火灾发生几分钟便会产生大量烟气，场景一模拟下的烟雾质量浓度远高于场景三。

针对古建筑的烟气蔓延途径，可以采取相应的控制方式。控烟的原则遵循"源头避燃、密闭防烟、迅速排烟"。源头避燃主要是指采用不燃化防烟形式，通过对现有建筑的构件（如梁、柱、檩、板、木质门窗）、装饰装修展品材料等进行防火抗火涂料的浸、涂处理，尽量减少对木材、丝织品、纸等可燃物的使用。这样可以大大减少室内烟气的生成量，从而降低烟气浓度和有害性，为火灾的扑救工作和人员疏散争取时间。

密闭防烟主要是切断烟气源头，通过对建筑内部进行分区隔断，如采取隔断墙、抗火不燃的隔断材料将易于燃烧区域进行隔断，将建筑内部的缝隙进行封填处理，一旦着火可将烟气密闭在一定区域，防止烟气流动过程中不断接触新鲜空气，防止加速燃烧和热辐射。古建筑群内部一定时间内较易聚集大量游客，一时难以疏散，在这种情况下，需要将建筑内聚集的烟气迅速排至安全区域，除了建筑自身的自然排烟系统外，可在不破坏古建筑的前提下在安全疏散区域、通道、临时性避难场所安装机械式排烟装置、正压送风防烟系统等，尤其是在紧急避难的安全区域，为防止二次破坏或复燃现象，可加设气幕、水喷淋系统，组成多方位的立体防烟系统。

3）防火区域多级划分方案

Ⅰ级防火区域——单体公共古建筑。具体划分如图5-3所示。依据古建筑的重要性、历史价值、对外开放程度等进行划分，参考PyroSim计算模拟出的烟气质量浓度、物质的量浓度、能见度，以及燃烧过程中风速变化对周边建筑、道路的影响和Somke-view动态演示的烟气流动状况。党家村内原有村落需特殊划分保护的建筑共计10处，其中8处建筑为公共开放性建筑，分别为贾家祖祠、党家祖祠、家训展馆、党家分银院、一颗印院、耕读第、双旗杆院、书画院。

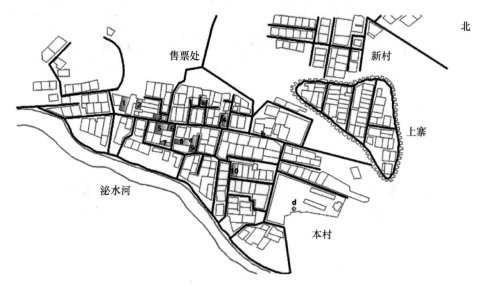

图5-3 党家村内Ⅰ级防火区域划分

Ⅱ级防火区域——巷道分割的邻近组团古建筑。场景一、二、三模拟发现，场景一、二在400s时，速度场已布满模型空间，场景三在600s时速度场分布超出模型空间，单体建筑周边受速度场变化明显，邻近建筑具有较高的危险性。由于党家村内部建筑相互依存，连接紧密，其中道路狭窄，屋檐重叠，一旦某一古建筑发生火灾，若扑救不及时，极易造成邻近建筑的破坏和影响。部分建筑相邻紧密，有些建筑之间存在巷道分割，因此各级区域划分以道路分割为准，且根据实地调研得到的危险源进行详细区分。

Ⅲ级防火区域——主干道路分割形成的独立区域。由于党家村内部道路错综复杂，保护等级较高的区域建筑除了以邻近组团形式存在外，周边主干道路进行了天然分割，因此将主干道路分割的建筑组团统一整合划分为Ⅲ级防火区域。

Ⅰ、Ⅱ、Ⅲ三种防火等级的防火防烟程度依次递减，分别以单体建筑单元、中等区域单元、大区域单元进行划分。其中，三种等级划分的单元区域有所重叠，无巷道分割或较为密集的区域进行了大致统一划分。同时，防火等级的划分依据建筑群内部的危险源辨识、单体四合院模拟结果的分析等原则进行。

党家村区域内防火分级划分主要针对本村的明清古建筑进行，如图5-4所示。其中，A～G 为 7 个Ⅲ级防火区域；a1～a4、c1～c2 分别为Ⅱ级防火区域，由于 B、D、E、F、G 五个区域建筑直接相邻，且有巷道分割，因此也可作为Ⅱ级防火区域。

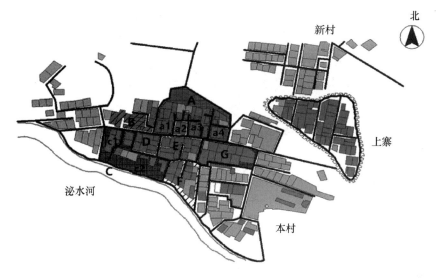

图 5-4 党家村区域划分图

从整个防火区域的划分原则和划分位置来看，显然Ⅰ级防火至关重要，Ⅱ级防火区是对Ⅰ级区域的进一步补充和加强，从第 4 章中的模拟数据和云图可以看出，1200s 区段内，无论厢房或住房引燃后，大量热量向周边建筑进行辐射传递，因此Ⅱ级防火区也不能轻视。三级区域相互重叠、相互加强，必须将三级区域防火进行统筹的考虑和安排，不能简单地只针对某一级区域甚至某一单体建筑进行防火布置。

2. 消防设备系统规划

1）消防用水储备与布置

实地调研发现，党家村本村除少量商业住户外，其他建筑均无人居住。党家村地处偏僻，难以接入和使用市政管网，据测算，消防部门接警后抵达韩城市党家村大约需要20min，村内道路狭窄，大型消防设备进场困难，救援难度大。因此，需要对村内进行消防用水的储备和规划布置。村内应设置消防水池的储水量应保证持续时间不少于 3h的消防用水量。党家村现有人口为 1400 人，火灾次数按同一时间内一次考虑，室外消防用水量为 10L/s，火灾延续时间为 2h，加上自动喷水灭火系统用水量，经计算消防水池的总容积为 180m³，考虑到以后的使用，可适当扩大消防水池容积，取有效容积值为200m³。相关文献提出，可以布置建造高位储水池，因为整个党家村村落存在一定的高差，利于达到一定的水头压力，保证消防用水能够达到着火区域，考虑到整个村落南北地势具有较大差异，该方案可行。尤其是在村落偏北侧进行修建，对东西向北侧的建筑具有较好的使用性能，但对东西主路南侧区域的影响相对较弱，因此，除了修建一定数量的高位储水池外，建议在村落的南侧地势较低区域修建自主加压的储水系统，从而更好地辐射主路南侧的建筑群。我们按照室外高压消防栓的辐射半径为 100m 进行分析，仅考虑已设置的三级防火区域范围内，尽量将水源设置在闲置场地、现有水源位置、学校内部等。图 5-5 为党家村防火区域消防水源的布置。

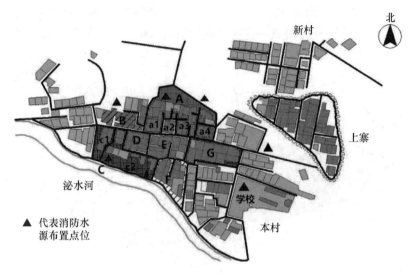

图 5-5　党家村防火区域消防水源的布置

相关文献指出整个本村须设置消防水源 10 个，是针对整个村落进行规划布置的。在此仅考虑防火分区内的建筑设置 7 个消防水源足以满足消防要求。其中分别布置在 B 区域正北处，A 区域内设置 2 个，c2 区域分别在东西两端进行设置，学校内部及东西向主路东侧场地进行设置辐射。多处均为开阔场地，建筑相对稀少，A 区域内设置洗手池，学校、c2 区域开阔且存在生活住户，更加有利于储水建造和维护管理。

2）常规灭火器的设置

建筑火灾一般分为 7 类，A～G 类分别为固体类物质、液体或可溶固体类、气体类、金属类、带电类、烹饪物类、食用油类。古建筑较为常见的是 A、E 两类，即固体物质火灾和带电火灾。建筑火灾分类如下：

根据现行《建筑灭火器配置设计规范》（GB 50140），一个配置场所的灭火器配置数量不应少于 2 具，每个设置点的灭火器不宜多于 5 具，应尽量选用操作方法相同的灭火器。因此，应在党家村每个重点保护民居内设置一具灭火器。如果选用干粉灭火器，必须是 A 类灭火器，不能用 B 类灭火器代替，而且干粉灭火器不能换装干粉，主要是因为 A 类灭火器能有效扑灭含碳固体可燃物，如木材、面、毛、麻、纸张等燃烧。灭火器宜选择手提式和推车式水型、泡沫、磷酸铵盐干粉、二氧化碳型灭火器。

灭火器的位置安放：灭火器的放置应清晰、易于发现，根据能见度和温度场模拟分析，主房祠堂应放置在门口，不宜放置在南侧桌椅区域，因该区域是引燃的重点部位；走廊区域不应放置灭火器，应放置在厢房与走廊连接处；厢房内灭火器应放置在靠近中庭位置或门房位置。灭火器应定期更换、检测，保证能够有效使用。

3）火灾自动报警系统设置

现代消防技术规范均要求设置火灾自动报警系统，但对古建筑的火灾自动报警系统方面还存在缺失。由于古建筑结构及材料经过多年的风吹、日晒、雨淋，自身已经十分脆弱，同时为了保证其历史外观，现有的大量古建筑难以设置自动报警系统，一般认为设置该系统不仅会加重结构的承载负担，还会破坏其外观，火灾自动报警系统的设置显得与古建筑格格不入。但近年来，由于未设置自动报警系统的古建筑失火状况频发，尤其是在火灾发生早期，若能及时探测报警，一定程度上可以减少损失。因此，古建筑中适当设置自动报警系统显得尤为重要。

由模拟结果发现，设置的探测切片在 $Z=2.5m$ 处，很短时间内便聚集大量一氧化碳、二氧化碳气体，而此时室内的温度变化相对较低，处在一定的救援期之内，若加设自动报警系统，一旦发生火灾，便能够及时将险情传递至工作人员处。这对提高火灾救援工作的效率具有十分重要的意义。

火灾自动报警系统一般由电源、感应触发元件、报警装置、警报装置、消防控制设备等组成。其中感应触发装置主要指火灾探测器，探测器又分为感温、感烟、感光、可燃气体探测、复合火灾探测五种类型。消防控制设备主要可以与其他灭火系统如自动喷淋系统、消火栓、排烟系统等联动。

4）极早期烟雾探测预警方案设计

古建筑内部发生火灾时，烟雾的生成量较大，可以通过设备及时探测并预警，相比温度和感光探测而言能直接、快速地识别反馈。因此，以贾家祖祠火灾场景一即主房香案着火为例，进行极早期空气采样烟雾探测系统的设计。

极早期烟雾探测报警系统（Very Early Smoke Detection，VESD）具有较高的探测识别灵敏度、低误报率、安装隐蔽等特性。系统主要由抽取空气样本的管道网络、采样泵、管道空气流速控制电路、烟雾粒子探测器室、信号处理电路、报警信号显示模块及通信模块组成。

以贾家祖祠主房为例（图 5-6），采样管设计采用一根空气汇流管，汇流管线沿檐檩向上至屋顶处，再向另外一侧延伸，向下至另一侧檐檩，同时采用 4 根空气采样管安装至脊檩两侧和梁柱节点上部的檩条处，管线安装用管卡固定后用防火涂料将管线隐蔽涂刷。

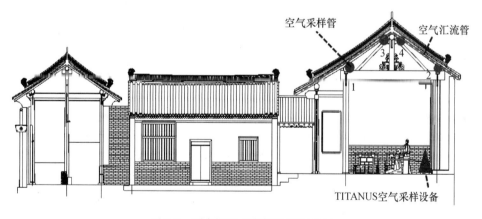

图 5-6　贾家祖祠主房管线布置分布

采样管须进行开孔作业，由于沿着屋顶檩条进行分布，因此以主房正门中心线为基准，在垂直于该基准线的管线下方进行开孔，并以该开孔为准向两侧等距开孔即可。由于按照 TITANUS 空气采样设备的技术性能，每个采样孔能够辐射保护 $60m^2$ 的区域，整个贾家祖祠主房面积不大于 $100m^2$，完全能够对建筑内部进行全方位探测，因此，采样孔数量可适当减小；也可将整个管线进行延伸布置，将整个四合院进行全部覆盖。

3. 古建筑安全疏散及逃生避难

1) 影响人员安全疏散因素分析

影响人员安全疏散的原因很多，大致可分为三类：人员自身状况、建筑设计、环境因素。

人员自身状况相对复杂，尤其是遇到突发状况，人员表现相对不一。这是由于突发状况能够迅速给人员心理造成较大的恐慌。火灾一旦发生，极易造成混乱，会对人员的心理和生理造成一定程度的影响。

建筑自身的结构和材料性能、耐火等级等直接影响整个火势的蔓延和燃烧程度。传统四合院形式的古建筑没有明确的疏散门、疏散通道、避难层等逃生途径，即使后期进行人为设置，也难以满足现有规范要求。在第 4 章三种场景下的模拟过程中，热量不断向外辐射、交换、传递，极易造成墙体的坍塌，以及邻近墙体、建筑、道路的温度升高，人员逃生疏散过程中一旦靠近，容易造成灼伤等二次伤害。另外，建筑内部若加装火灾自动报警系统，及时探测出险情，通过警报装置将险情迅速告知现场和工作人员，可极大减小营救、安全撤离及古建筑保护时间，若加装消防联动设施，则在火灾初期甚至未燃阶段及时将险情排除。

建筑火灾中，由于燃烧产生的有毒气体致死的人员比率远远大于直接受到高温灼伤死亡的人员，占比为 75%~80%。古建筑相比现代建筑能够在短时间内产生和聚集大量烟雾，在第 4 章三种场景下的 1200s 燃烧模拟中可以明显看到烟气的物质的量浓度和能见度上升迅速，设置的 $Z=2.5m$ 处的感应切片，温度在前期远远超过 200℃。按照澳大利亚生命安全标准，离地面或楼面 2m 以上空间平均烟气温度不高于 200℃。显然，烟气在垂直方向上的温度变化对人员安全极为不利。同时，由模拟的烟雾一氧化碳物质的量浓度曲线来看，远超人体能够承受的浓度范围。

2) 疏散逃生标志设置

以韩城市党家村为例，根据绘制的建筑分布图例可知，整个村内道路极为复杂多变。实地调研发现，村内的旅游指引标志数量少、老化严重、字迹不清晰、管理人员配备严重不足，监控设备仅有两台且均分布在东西向主路上。村内几乎没有疏散逃生标志，在大区域性的开发景点，一旦某一位置出现险情，在没有安全疏散标志的指引下极易造成恐慌和人员危险。因此，设置逃生标志在险情发生时能及时帮助游客逃生。

疏散标志的设置应科学，避免造成指引错误等情况的发生。疏散标志设置的原则：要全覆盖，设置位置准确、高度适宜，逃生的路径应选择道路较为宽敞、无障碍物的区域，坚决杜绝村内端巷（死胡同）。同时，村内应设置紧急避难和临时性疏散场地，根据村内实际状况，应选择学校、天然开阔区域、建筑稀疏的区域，避免二次伤害。

建议党家村巷道至少使用两类自发光型疏散指示标志。在烟气浓度较大、能见度大大降低时，疏散指示标志可以引导游客迅速疏散，逃离火场；障碍警示标志可以防止游客在慌乱中误入端巷，贻误逃生时机。

3) 疏散逃生路径方案

疏散逃生主要根据第 4 章单体四合院 1200s 燃烧模拟的烟气浓度变化，以及温度变化特征、实际道路状况、村内安全区域、规划的消防水源位置等因素综合考虑。

综合路宽数据，结合消防用水储备与布置规划点，分别选取了 5 处临时性逃生避难安置点。安置点主要是依据党家村防火区域的三级划分，围绕重点防火区域进行设置。
安置点选择原则：

（1）场地较为开阔；

（2）邻近水源或消防水源布置点；

（3）古建筑相对较少，建筑稀疏位置；

（4）便于外部人员施救位置。

疏散逃生方案主要依据防火区域的划分进行布置，主要以防火区域内的古建筑保护
为主。非历史性建筑的保护在此不做详细的疏散说明。同时整个疏散逃生路径的分析也
可作为疏散逃生标志设置的重点区域，这为党家村的防火保护和游客的生命财产安全保
护起到一定的积极作用。图 5-7 为疏散路径及临时避难区域。

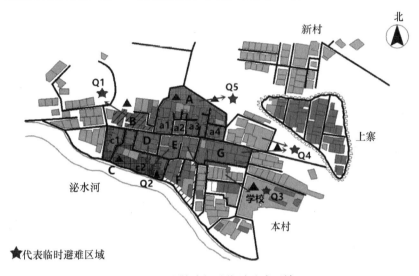

★代表临时避难区域

图 5-7　疏散路径及临时避难区域

根据以上原则，贾家祖祠西侧 Q1 区域主要为现代建筑，建筑密度较小、场地开
阔、距离贾家祖祠较近，道路条件良好，可作为 D 区域的逃生方向和临时避难区域。B
区域可沿东西向道路向 Q1 区域疏散，考虑到模拟中发现厢房内部着火或住房着火可产
生大量热辐射，尤其是贾家祖祠南侧厢房发生险情，该道路区域空气温度会有所升高，
因此着火前期可沿道路南侧疏散，尽量远离贾家祖祠一侧，若火势发展至中后期，应通
过 D、E 区域中间通道向南疏散至 Q2 区域。

A 区域中远离东西向主路的位置应向 A 区域的消防水源处、Q5 区域疏散。a1、a2
位置应沿道路向 Q1、Q2 区域疏散。a3、a4 应沿道路向 Q4、Q5 区域疏散。

D、E、G 三个区域建筑聚集密集，一旦发生火灾，情况相对复杂。三个区域的建
筑主要通道（入口）不一，单体建筑的大门开向各异。因此，如若建筑开向东西主路或
接近主路，则按照 a1、a2、a3、a4 区域进行逃生疏散。若开向朝南或位置位于东西向
主路以南一定距离，则 D 区域向 Q2 区域疏散，南北端巷将 E 区域分割，因此端巷西侧
区域向 Q2 区域、东侧沿南北纵向道路疏散即可。G 区域虽未进行巷道分割，但建筑数
量较多，东西向长度较大，相对规则，可沿南部纵向主路向南临时疏散或向 Q4 区域
疏散。

　　未进行防火分区划分的建筑聚集区，一般为现代建筑或非历史性建筑，主要集中在党家村入口位置东侧、党家村东南侧，距离学校较近且道路状况良好，可向 Q3、Q4 区域临时疏散。

　　将性能化防火的理念与方法应用于砖木结构古建筑群防火能为古建筑系统防火提供依据。根据贾家祖祠的火灾模拟温度变化、烟气浓度、能见度曲线变化及测点风速变化的分析，给出单体建筑消防设备的设置方案和建议。依据防火分区的区域面积原则、单体建筑火灾模拟结果和已有的区域隔断，对韩城市党家村村落进行防火区域的三等级划分，并对防火区域进行消防设备的系统规划，依据区域划分设置疏散逃生标志、探究逃生疏散路径，可以为党家村传统村落的消防规划和疏散逃生提供指导依据。

6 信息技术在古建筑火灾风险管理中的应用

6.1 信息技术在古建筑中的适用性

建筑信息模型具有可视性、虚拟性、便携性、自动统计及资源共享等优越的特性，将这些特性运用到建筑遗产保护工作中具有事半功倍的效果。例如：建筑信息模型具有可视性；在古建筑修复工作之前，可以借助建筑信息模型来记录和分析建筑遗产的空间结构和构件特征，也可以借助 BIM 技术模拟或虚拟复建，再现已经被破坏的建筑遗址的原有面貌及建筑细部、装饰特征。建筑信息模型具有虚拟性；进行古建筑的保护修缮工作时，只需将古建筑基本信息模型进行复制，在此复制版的基础上进行修缮设计，同时也可以在古建筑基本信息模型中对古建筑的工程信息和历史信息进行记载、录入、存档及更新，便于后期信息管理。

随着信息技术在古建筑保护领域的应用，古建筑的工程信息也发生着较大的变化，与此同时古建筑的历史信息随着建筑使用功能的变化和历次保护工作的进行及时代的变迁，均发生巨大的变化。因此，古建筑信息模型的应用为更清晰地表达、记录和更新古建筑工程信息与历史信息提供了一种新的信息管理方式。

6.2 BIM 技术与古建筑管理

《历史文化名城名镇名村保护条例》第三十二条提出，各地政府应当建立历史建筑档案，且内容须涵盖建筑的历史特征、艺术特征、建设年代、有关技术资料、使用状态和权属变化、修缮和装饰过程中的图纸图片及影像资料、测绘信息等相关资料。目前，由于管理机构和被管理单位之间存在"专业不对称"和"信息不对称"，管理机构必须依赖于被管理单位所产生的数据和结果进行风险评估和管理。BIM 技术可视化、协调性、模拟性、共享性的特点为以上保护要求和管理难题提供了有效途径，并能在消防工作中参与建筑的全周期消防管理。

6.2.1 BIM 技术在古建筑保护领域中的应用现状

目前古建筑的保护及修缮主要有两种形式：一种是保持古建筑原有的状态，根据破坏情况进行适当修缮；另一种是破坏严重，不具有修缮的价值，只能进行复原重建。这两种古建筑保护形式都需要对原建筑进行信息测绘、记录，部分古建筑保护积极采用数字化建模技术，如数字摄影测量、扫描数字地图和工程图纸、实地建筑测绘、激光扫描测量、红外线测量等，但是这些技术多用于多媒体展示，并未形成通用的古建筑的三维模型建立方法。古建筑保护和修缮记录还是以文字、表格、图纸或者影像的形式为主，随着科技的发展和 BIM 技术的逐渐成熟，BIM 技术使历史保护建筑改造工作更加高效、快捷，能够通过新技术更加精准地获得建筑现状数据，并能够直观地表达设计并协调建设过程问题。

目前，国内对 BIM 在古建保护中的应用主要集中在记录古建筑生命周期的信息方法方面。在研究建筑信息模型中将记录古建筑生命周期的信息方法分为四类：基于三维数字技术的全息几何模型、整体建筑信息模型、局部构件信息模型、基于 BIM 的古建筑全生命周期管理及分析。

基于三维数字技术的全息几何模型通过 GIS 管理古建筑外围地理环境信息，通过 BIM 技术建立基于建筑构件层面上的面向对象参数化模型，解决了 GIS 在建筑遗产信息管理方面的"信息孤岛"问题；整体建筑信息模型为古建筑海量数据信息的存储提供了极大的便利，而且与二维图纸和电子文档存储方法的最大不同是 BIM 信息模型能以三维方式呈现，使古建筑的保护工作直观、便利；局部构件信息模型使古建筑构件的信息直接存储在图形数据库中，信息作为模型的一部分进行存储，为构件的组装、信息模型在古建筑保护及数字化修复工程中的具体应用等做了基础准备工作；基于 BIM 的古建筑全生命周期管理、分析是古建筑保护工作的目标所在；将古建筑的所有信息统一管理，在日后定期加固维护工作过程中不断完善模型信息，为保护工作提供完整、可靠的理论资料。

BIM 在古建筑中的应用也将是必然趋势，但对不同的信息模型方法，仍存在一定的问题。例如各信息模型方法之间尚未建立必然联系，且每种方法单独运用时，都存在一定的局限性。如局部构件信息模型以"族"文件为单位，建立了详细的构件信息模型，但多数研究并未对构件模型进行完整的组装，而整体建筑信息模型有时对结构构件未进行精确表达。基于 BIM 的古建筑全生命周期管理、分析只是针对单个古建筑的结构特点进行的，忽略建筑及地形对其影响，而基于三维数字技术的全息几何模型则恰好弥补了不足。对信息模型进行合理组合，如首先建立整体建筑信息模型，然后运用局部构件信息模型方法对整体信息模型进行完善，达到精确表达之后基于三维数字技术建立全息几何模型，形成区域性信息模型，将其运用到古建筑的全生命周期中，以实现基于 BIM 的古建筑全生命周期管理、分析。

BIM 技术在古建筑保护中的应用途径有：

1. 信息采集

古建筑的信息采集主要分为两种：第一，空间信息的采集，主要包括古建筑形状、建筑物比例、尺寸、方位等空间形态的信息；第二，属性信息的采集，主要包括古建筑的建造材料、工艺、风格、施工方法、年代和地域信息。传统空间信息的采集主要是采用尺子、垂球等传统测量工具对建筑物尺寸进行测量，然后形成二维图纸，并配有一些文字记录，存在数据不准确、使用不方便、效率低等问题。现代空间信息采集是采用现代电子技术手段，借助三维激光扫描、高清摄影测量等多种测量传感器技术，获取完整而精细的古建筑三维数字模型、纹理影像，经融合处理，生成精准的古建筑设计图纸、现状图纸及结构模型等。属性信息的采集一般通过实地考察或者查阅相关历史文献，再进行整体分析而获取较为完整的相关信息。

2. 建筑信息模型的建立

BIM 基本建筑信息模型主要是在空间信息采集的基础上，基于二维图纸、测绘数据及图片等相关资料，借助目前常用的 BIM 建模软件 Revit 建立三维模型。我国古建筑造型错综复杂，但是根据现代建筑类型学对古建筑构件的分类，古建筑构件的建造过程是存在一定内在规律的。古建筑的建筑形式主要以木结构为主，配有砖、瓦、石等元素，不同朝代或者同一朝代的不同时期，建筑风格会有相同或者相似之处，建筑构件的尺寸、比例一般也具有统一性，建造过程中一般只是调整构件的大小和位置。根据古建筑物的这一特性，在利用 Revit 建立建筑信息三维模型中，通过对古建筑构件的参数化设置及族的构建，完全可以实现造型迥异的各类型古建筑物建筑信息模型的构建。BIM 建筑信息模型的基础单元为"族"，所有图元都是基于族的，每个族图元都可以定义多种类型，每种类型都可以进行尺寸、形状、材质或者其他参数的设置。根据古建筑的朝代、风格、工艺、形状进行分类分解，利用 Revit 建模软件首先建立不同类型的参数可变的族，然后根据拟建立建筑信息模型的古建筑的图纸及相关数据调入各类族，从而建立古建筑完整模型，这样既可以提高构件模型建立的复用性，还可以提升建模效率。另外，可以根据古建筑的不同分类，建立不同种类的构件族库，方便古建筑研究的族库共享。在利用 Revit 软件建立建筑信息模型时，模型中各构件的属性信息一般分为构造、材质、物理、油漆彩绘及说明备注等几种形式，空间信息、属性信息与模型相关联，修改或查阅信息全部可以实现同步，从而全面实现信息的共享与传递。古建筑保护的重要内容是古建筑的修缮，建筑信息模型可以为古建筑修缮提供最基础的数据和资料，便于提取和使用。

3. 基于 BIM 技术的古建筑运营维护

古建筑的建筑信息模型集成了建筑物空间信息、属性信息、修缮及建造过程中的大量信息，将全部信息进行整理和归档后储存在运维管理数据平台中，并和建筑信息模型进行关联，古建筑运营及维护管理部门可以从数据库中随时查询、提取、统计、分析各项信息，调取信息快速、准确，还有效防止了运维管理中的信息丢失。另外，建筑信息模型具有可视化的特点，可以快速显示古建筑隐蔽部位，在古建筑修缮时可以为运维管理人员提供快速定位，这种应用在突遇紧急情况时，作用尤为突出。应用建筑信息模型还可以进行火灾疏散模拟等自然灾害的各项仿真模拟，可以帮助运营管理者定位和识别潜在风险，提前做好解决方案，制定应急措施。总之，应用 BIM 技术可以进行古建筑空间管理、设备管理、安防管理、应急管理、能耗管理等，可以大大提高古建筑运行维护效率，实现古建筑保护的数字化管理。

6.2.2 BIM 技术在古建筑维护中的应用难点

由根据当前 BIM 技术在我国古建筑中的具体应用状况可以看出，BIM 技术在古建筑的维护过程中，也面临着很大的困境。

1. 信息量大

BIM 技术应用在我国古建筑的维护过程中，要想从根本上提升古建筑的维护质量，就需要通过收集大量的数据以反映古建筑的整体结构特点，然而由于信息量比较大，信息管理的过程还是存在一定的难度的。第一，古建筑的信息数据的收集整合过程，需要投入大量的人员和资金成本，这在一定程度上阻碍了部分小型的建筑公司搜集古建筑的全面信息数据的过程。第二，古建筑信息的收集、整合，需要对传统数据的分析方式进行升级，而当前大部分古建筑的数据收集、分析工作由人工形式完成，没能结合标准的现代化的技术，因而古建筑的海量信息不容易被掌控。第三，古建筑相关信息的处理工作，是一个4D关联数据计算分析的过程，需要现代化的技术作为支撑，而当前建筑领域的部分企业依然采用传统的数据处理方式，采用人工收集处理信息的方式，不能满足古建筑维护过程的需求和获取基础数据的需求，导致古建筑维护领域出现海量信息处理的难题。

2. 知识库建设困难

在古建筑维护工作的开展过程中，需要按照古建筑维护和改造工程的详细标准，对古建筑进行相应知识体系的构建，例如古建文物知识库、古建材料知识库、古建文物维护工法库等；不同知识体系的构建可以在一定程度上为古建筑的维护和改造工作提供相应的经验。然而从目前的情况来看，建筑领域构建知识库大多采用传统的集中式处理的方式。这种知识库构建的方式具有一定的弊端：第一，知识库构建的修订周期比较长，需要在专家的指导下进行，采取纸质介质共享的模式，缺乏一定的灵活性，当古建筑维护改造中出现相应的变化时，很难对已经修订完善的古建筑知识库进行实时的更新处理；第二，随着古建筑维护、改造过程的加快，当古建筑维护需求呈现出爆发式增长的趋势时，召集相应的专家对知识库进行修订，显然是一个不可实现的过程，这不仅体现在一个建筑单位，对一个区域的行政部门来说，也是很难完成的事情。在这种情况下，古建筑维护领域还需要依赖传统的经验模式，导致知识库的错误率上升，对知识库的掌控能力也越来越弱。

3. 古建筑分布范围广，BIM系统应用难度大

我国不仅民族众多，地域还比较辽阔，这就造成了古建筑分布范围极为广泛的情况，也为古建筑的维护工作带来了一些难题。第一，不同地区的古建筑的形成，都具有一定的地域特点，其在建筑风格等方面都具有很大的差异，这就需要BIM软件系统设置相应的针对不同地域特点建筑风格的原始资料，以便针对不同建筑风格的建筑开展相应的建筑维护工作。第二，BIM技术应用在不同地域的古建筑的维护过程中，其应用系统需要随着不同地域古建筑的变化而变化，这对BIM系统提出了巨大的挑战。

4. 构件信息标准化不足

对BIM技术应用在古建筑的维护来说，其之所以具有一定的困难，与古建筑信息的流失有很大的关系。第一，古建筑的信息保存工作比较困难，当前，我国的古建筑超过30万座，每一座古建筑都具有各自的特点，其构件也都具有一定的信息特征，这些信息的收集工作量很大，在一定程度上阻碍了BIM技术在古建筑维护工作中的应用。第二，当前我国古建筑的信息存储方式存在一定的差异，再加上不同信息的交汇复杂，这不仅仅使古建筑的信息流通出现一定的困难，也不利于BIM技术对古建筑维护信息的检索和整合。

6.2.3 古建筑BIM技术参数化模型

木结构古建筑是一种常见且重要的建筑结构体系，建筑内部木材体量大、数量多、搭接方式较为复杂，传统的建模方式无法体现其建筑特点。即便能够完成建模，在进行火灾模型的时候还需再次建模，多次建模肯定导致数据的不一致，模拟的数据势必不准

确，后期的消防管理还需要重新绘制图纸。而 BIM 技术在处理建筑模型信息共享方面，是传统的建模技术基本无法实现的，更高水平的协同建模能够更好地解决木结构建模的问题。参数化模型具有以下特点：

1. 模型精确

BIM 技术在木结构古建筑消防管理领域的应用尚处于起步阶段，木结构由体积较大、刚度小、数量众多的木材与结构板进行搭接，并通过大量的钉子进行连接。木材和砖墙及瓦屋面共同承载，形成超静定结构，从建筑整体性上讲，该结构增强了构件之间的连接，也增强了结构的刚度。Revit 在处理古建筑建模问题时，可以采用系统族或者自建族的方式。将构件进行分类，可以根据不同的尺寸、不同的位置，将特有的构件族放置在特定的位置。这样的模型不管是从精度还是美观方面都是独一无二的。在实际的建模过程中，Revit 只是一个基础软件，它可以链接 BIM 中的其他软件，也可以进行二次开发，支持不同软件之间的信息共享。在古建筑的消防管理过程中，既可以提高效率，也可以减少工作量。BIM 技术提倡信息共享与交流，而目前火灾模拟及人员紧急疏散模拟与 BIM 模型之间缺少信息共享，存在重复建模、模型转换困难和信息储存机制缺失等现象。BIM 环境下的火灾性能分析主要存在两点障碍：如何实现 BIM 模型与火灾模拟及人员紧急疏散模拟模型之间的转化；如何实现在 BIM 模型中建筑火灾安全应急信息的储存，构建 BIM 环境下建筑火灾性能分析的技术体系和方法。

2. 信息完整

基于 BIM 的古建筑参数化信息模型被定义为一个智能化的建筑物 3D 模型，在后期对古建筑进行防火设计和防火管理时要以此模型为基础，将模型以 IFC 格式进行存储和共享，然后模型导入其他的火灾模拟或者消防设计的软件中，实现以 BIM 为核心的消防应急预案及火灾逃生动画设计。保证古建筑信息的完整性的同时，在 BIM 技术的支持下，进行古建筑消防管理。

3. 管理优化

随着科技的发展，火灾试验不是研究古建筑火灾蔓延的唯一途径，数值仿真模拟技术将成为古建筑火灾模拟的重要手段。PyroSim 火灾模拟软件可以代替试验完成较多无法完成的研究工作，运用 PyroSim 场景画的火灾模拟完成后，可以将模拟结果反馈到 Revit 中，也就是反向信息传递，BIM 技术和 PyroSim 之间双向信息共享。根据模拟的结果在 Revit 中对古建筑中的消防设施和管理人员进行合理规划并调整，实现古建筑消防管理升级，为后期古建筑的修缮和维护提供支持。

4. BIM 古建筑模型构建的特点

基于 Revit 建立的 BIM 模型与基于 FDS 建立的火灾场模型之间存在较大差异，主要表现为几何信息与材质信息的记录及表达方式不同。通过查看大量 Revit 中各类构件的参数数据信息，发现 Revit 对几何体的描述，遵循传统的点、线、面、体的构成方式，对一个几何体的描述，通过关键点的坐标数据构成几何体的边缘线，由线围绕成平面，最后多个面构成实体，展现在用户界面上。FDS 中所有火场实体，为了利用计算流体力学中计算网格交点上的流体参数，要求采用障碍物命令建立的火场实体必须为沿坐标轴放置的长方体，位置由一对空间体对角线坐标确定。由此可见，Revit 中几何体的记录表达方式与 FDS 中若干立方体实体堆积建模方式大相径庭。虽然两种软件建模思路截然不同，但通过比较发现，两者本质上都需要借助关键点坐标来确定几何体位置与大小，其中 Revit 模型的点坐标包括两种类型，一种为几何实体的中心线端点坐标，另一种为几何实体边缘线端点坐标；而 FDS 则仅需要一对长方体对角线坐标。区别两者之间的差异，此次研究通过设计 Revit 二次开发程序，Revit 成功从收集的模型点集中筛选出建立 FDS 火灾模型所需要的特殊点。除此之外，Revit 自带的材质库与 FDS 专业材质信息从材质名称到物理化学属性的记录方式都存在较大差异。联系 BIM 技术所强调的信息共享与统一，研究采用共用 FDS 材质信息的方式实现材质信息的统一。首先整理 FDS 火灾模拟常用材料信息，建立材质数据库，方便用户在今后研究过程中对新材质与新属性的添加；其次建立该材料数据库与 Revit 材质库的关联对应关系。最后通过共用统一材质数据信息的方式，实现了对构件赋予材质信息的工作只需要在 Revit 中建立 BIM 模型时进行一次的目的，然后通过二次开发程序，将所有构件的材质信息自动记录在 FDS 文本中，省去研究人员在 FDS 文本中再次编辑材质属性及赋予构件材质信息的工作，实现 BIM 信息共享。随着 BIM 技术的逐渐成熟与进步，相信未来 BIM 技术在建筑火灾安全应急分析研究领域会有更大的突破与发展。

综上所述，通过已有的古建筑建造特点及建模技术的研究，可以针对选择的研究对象进行构造特点的分析，不管从结构还是建筑方面，都可以快速地认识该建筑。部分学者已经做出了基于 BIM 的古建筑信息模型，结合 BIM 建模技术完成建模，并且实现参数化模型的信息管理，提出新的古建筑消防管理理念。

6.2.4 BIM 在古建筑保护领域的研究

Revit 产品中的常规构件属性不能完全涵盖古建筑的信息类型及属性，需要根据实地调研对古建筑内应进行信息无损保留的类型进行分类并建立信息属性添加标准，使用"族"功能建立并寻找约束，制作各类构件形式，因此恰好契合了古建筑对建立信息模型的需求。某些学者利用 Revit 将具有遗产价值的建筑信息进行规范性录入，推动了古建筑的信息展示及火灾风险管理的研究。在古建筑的信息管理范围内，GIS 适合用于建筑外部空间的管理，而 Revit 在建筑内部空间管理上具有显著优势，两者的无缝衔接组建了古建筑信息管理平台的中枢，从而为我国古建筑遗产进行档案记录、文物调查、运营维护、信息展示和管理提供有效帮助。信息模型平台可以对古建筑构件特点、建造规律、彩绘装饰等信息进行有效管理和利用，从而为古建筑的修缮、复原提供精确信息，数据储存灵活且具有可扩展的性质，实现了信息的灵活存储和附加数据的丰富存储。一些学者通过研究古建筑的形制特征和装配规则、参数化信息模型的实现技术，分析了标准构件信息的分类量化提取方法，不断完善了古建筑标准化信息模型平台的建设。

近年来，我国在对古建筑的现代化保护中均取得了一定成果，特别是 BIM 技术领域与建筑保护和管理领域的碰撞，主要是将 BIM 技术数字化、共享性的特点运用到建筑保护和管理领域中，均侧重于构件信息的有效录入及软件之间的信息传递与交互，处于技术性探索阶段，建筑信息的实时传递与表达虽是火灾风险评估数据库平台的建设基础，但以上研究未突出 BIM 技术在火灾风险管理方面的优势，因此利用 BIM 技术实现对古建筑的火灾风险动态管理与评估终将成为 BIM 理念的核心内容及发展方向，贯穿建筑工程生命周期管理的始终，为风险评估做出贡献。

6.3 BIM 技术在古建筑火灾风险管理中的应用

6.3.1 基于 BIM 的古建筑火灾风险管理的特性

1. 具有很大的灵活性

建筑设计人员通过 BIM 技术塑造古建筑的信息模型，可以直观了解到古建筑整体的几何构图、古建筑的组成构件、古建筑的工艺做法以及古建筑每一组成部分的材料数据，这样在一定程度上直接省去了绘制图纸的时间，从而使古建筑的维护过程变得更加灵活。在修复维护古建筑之前，建筑设计人员可以通过 BIM 技术对建筑信息模型进行审查，如果发现相应的问题，可以通过 BIM 技术及时对损坏的建筑构件进行修复，减少了施工风险因素的发生。另外，BIM 技术通过数字化的信息模型来反映古建筑各个部件的建造情况，精确的数据信息可以为研究人员提供准确的古建筑信息资料。

2. 加速古建筑维护信息化的进程

BIM 技术应用在古建筑的维护过程中，可以促进古建筑维护信息化进程的加快。首先，BIM 技术可以通过整合古建筑的数字信息，与古建筑维护相关的数字化技术集成，推动我国古建筑维护领域的数字化和信息化的进程。其次，BIM 技术为把传统的平面图纸转化为立体的虚拟模型提供了协同合作的平台。通过网络分享，人们可以使其他企业了解古建筑的维护信息，促进文物建筑保护全面信息化和现代化。

3. 可进行古建筑周边环境分析

BIM 技术应用在古建筑的维护过程中，可以对古建筑周边的环境进行有效的分析，因为古建筑的维护质量与其周围的环境有着很大的关系。BIM 技术可以整合古建筑周围的环境信息。通过环境信息的分析，可以有效地提升古建筑维护的质量。例如，地貌信息是古建筑维护过程中必不可少的因素，古建筑的加固及改造建筑材料的选择，都要适合当地地貌的特点，而 BIM 技术在设计虚拟模型的过程中，需要将地貌特点信息考虑在内，以在保留古建筑原有结构的基础上，通过加固方式，延长古建筑的存活时间；植被信息与古建筑的韵味有很大的关系，适合古宅的植物，可以在一定程度上营造古朴的环境氛围，而 BIM 技术可以在模型设计中通过不同的符号，将植被信息进行标注；气候信息是古建筑维护过程中比较重要的影响因素，BIM 技术可以通过分析古建筑周围的气候特点，对建筑材料的选择提供相应的依据。

BIM 技术可以缩短古建筑维修保护方案的制定时间。因为在 BIM 系统中，它可以针对古建筑周围的环境，对各种环境因素进行定量的分析，从而为相关的维护方案人员提供相应的分析结果，消除了由于主观因素过重、没有办法统一处理大量信息数据的弊端。

4. 增强古建筑维护的可视化

BIM 技术还可以增强古建筑维护的可视化。BIM 技术可以直观地展示古建筑的整体结构。BIM 技术以其先进的功能特点减少了古建筑维护信息割裂问题的发生。尤其是当前我国的古建筑，很大一部分是由木结构组成的，其结构比较复杂，依靠 BIM 技术，可以通过系统内部的三维可视化工具，将古建筑的完整信息展现出来，促使古建筑维护人员通过三维思考方式，实现古建筑维护质量的提升，真正减少传统软件带来的技术弊端。

5. 反映古建筑的建造过程

对传统的古建筑来说，其在构建的过程中，尽管具有一定的建造规律，但是由于当时建造条件的限制，大多数工匠不精通文化，他们没能及时准确地将古建筑的建造流程和建造技巧记录下来，BIM 技术可以真实有效地反映古建筑的建造过程，还可以反映古建筑的营造过程。BIM 技术可以整合古建筑的空间信息和时间信息，结合古建筑三维空间数据和工程维护进度构建出一个可以观看的多维立体模型，准确地反映古建筑建造的整体过程。在古建筑的维护、改造过程中，由于古建筑造型复杂程度的不同，其存在相应的重点或者难点部分，而 BIM 技术可以将古建筑中的重点部位进行有效的信息整合，对关键建筑部位进行模拟，并以三维模型的方式展现出来；利用 BIM 技术结合修缮计划对较为复杂的营造工艺进行分析和模拟修复，可以提高复杂文物建筑维护的可行性。

6. 实现灾害应急模拟

因为古建筑具有极高的保留价值，所以，在古建筑维护的过程中，还应该找出影响古建筑质量的关键因素，其中，火灾就是其中很重要的影响因素。BIM 技术应用在古建筑的维护过程中，可以通过软件系统，真实地模拟火灾的发生过程，对制定相关的预防措施及应急预案，具有很重要的作用。首先，在古建筑发生相关灾害之前，通过相应的 BIM 灾害分析模拟软件，可以将灾害的发生过程虚拟地表现出来，从而为防灾减灾措施的制定提供决策依据，合理出台古建筑的保护对策和应急预案。其次，BIM 技术可以为救援人员提供救援的相关信息，包括古建筑的整体结构特征、古建筑的建筑材料的类型、古建筑的内部结构、古建筑中重要物品的摆放位置等，可以有效地提升灾害的救援进度。此外，BIM 技术还可以为救援人员提供合适的救援路线，促使现场救援人员进行正确的现场控制，减少古建筑的损失。

6.3.2　古建筑群建筑信息模型的建立

建立风险评估数据库平台是火灾风险评估后的风险接受和风险沟通的环节。风险评估数据库由建筑信息、材料信息、可燃物信息及消防设施信息组成，以上信息可借助 Revit 建筑信息平台对研究目标建模来体现，该平台将不同专业的信息科学整合，从模型中测量、计算并导出比纯图示更广泛的信息，在建筑物的整个运营生命周期中分析和提供可持续设计和性能化设计，打破了专业间数据重复和录入标准不统一的障碍，使数据资源科学分类、动态联动改造、有效利用。

在建筑工程领域内，BIM 技术的发展，使建筑内部信息的表达更加清晰具体，建立的模型在视觉上可旋转、可缩放、可漫游、可分层、可剖面，不仅能够直观清晰地展现出建筑物外立面、建筑结构内门、窗、柱等各种图元构件，还能将构件的材料、位置、状态、使用年份及更新年份等原始信息和建筑模型的细节清晰地提取出来，除此之外，软件自身还拥有丰富的族库，可将消防设备参数实时载入并且随时间不断更新完善。以上功能的运用使火灾风险评估时可提取的内容更加全面，评估结果更加可靠。因此，BIM 技术在古建筑群的火灾风险管理中显然更具有优越性。

1. 信息添加标准

建筑信息的记录除借助建筑信息管理平台以外，信息内容的添加标准也需要加以规范化，信息的内容需要根据建筑的特点合理添加，以砖木古建筑的单个木制构件为例，内容添加标准如图 6-1 所示。

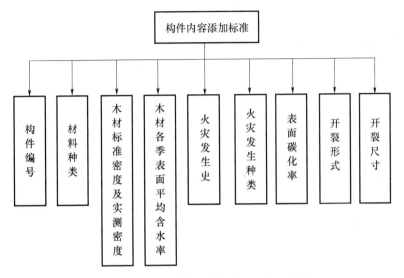

图 6-1 砖木古建筑木制构件内容添加标准

2. 信息模型的建立

仿照现代建筑信息模型的建立流程，古建筑信息模型的建立流程如图 6-2 所示。

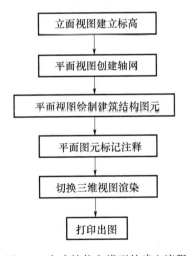

图 6-2 古建筑信息模型的建立流程

在古建筑群建筑信息模型的建立中，由于古建筑群具有"同地不同高"的特点，各个房屋之间高低错落，每个房屋的标高均有所不同，为了使建筑模型更加精确，需要建立多个标高。除此之外，对古建筑群中一些不规则形体的绘制，应充分利用体量工具来创建原始地坪。值得注意的是，在 Revit 系统自带族库中，难以找到适用于古建筑群的建筑结构图元，因此需要用户在原有族库的基础上设置所需构件的参数，也可利用嵌套族去传递相应参数值，以满足模型的建立。

　　图 6-3 和图 6-4 为三原城隍庙景区中献殿、拜殿、明襧亭、寝宫在 Revit 软件中的建模及内部结构模型，仅四处单体建筑需建立 16 个标高。由此可见，在对古建筑群的建模过程中，需要测量人员对建筑物进行精细的测量，绘图人员具有足够的耐心，方可将建筑模型完整呈现。

图 6-3　献殿、拜殿、明襧亭、寝宫在 Revit 软件中的建模

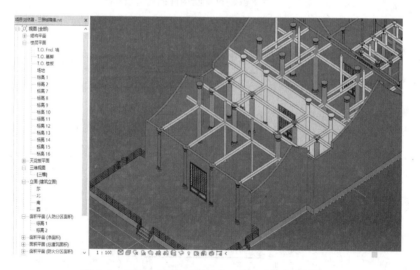

图 6-4　献殿、拜殿、明襧亭、寝宫内部结构模型

　　对建筑内的装饰，如古建筑群内存在的桌、椅、柜、电线盒、供香、棉垫、灯笼、轿子、窗帘、字画等易燃物品及太平缸，也需要通过体量工具或查找族库的方式将物品添加在建筑信息模型中，并注明名称及使用状态，以便评估人员在对目标项目评估时获取准确的临时性火灾荷载信息因子，图 6-5 为拜殿内木轿的信息添加。除此之外，一些古建筑内由于火灾隐患较大，特增设管理人员对其进行现场管理，对火灾风险评估结果也有一定程度的影响，因此，有专职管理人员的古建筑也需要将人员信息录入信息模型中。

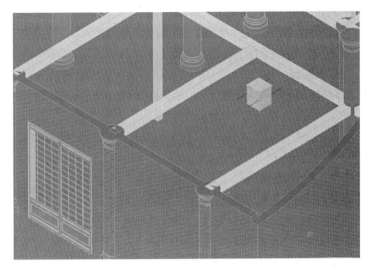

图 6-5 拜殿内木轿的信息添加

3. 构件材料信息的建立

古建筑中,常用的建筑材料多为青砖、石材和木材。古建筑内外墙体多采用砖,建筑地坪及台阶多采用石材,门、窗、室内柱子和梁多采用木材,在 Revit 系统关于族的编辑中,可将不同构件的参数,如材料类型、含水率、是否损坏、维修年份等信息逐条录入,以便于消防管理者的可视化管理和国家文物保护中心的数据调取,也能够在火灾风险评估中给出详细的评估依据。图 6-6、图 6-7 为三原县城隍庙景区中部分构件材料信息的建立。

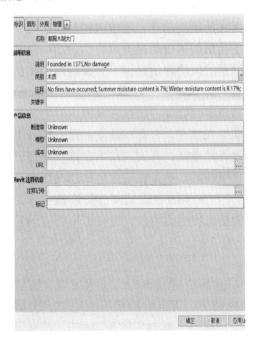
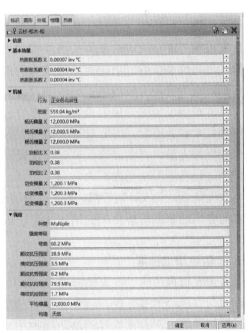

图 6-6 献殿木制大门材质信息的建立

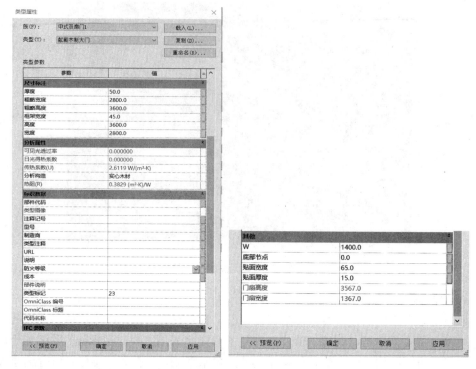

图 6-7　献殿木制大门类型属性信息的建立

6.3.3　古建筑群消防信息的建立与管理

消防设施是指建（构）筑物内用于防火、灭火的设施总称，是建（构）筑物内的基础配套设施且能在火灾时发挥关键性作用，其中包括烟雾自动报警系统、自动喷淋灭火系统、消防栓系统等。消防信息的建立为古建筑群的风险评估提供了灭火延迟因子的取值依据，也为管理人员提供了灵活的设备管理方式。

日常消防设施的管理中最重要的部分是消防设备的管理，而现阶段国内对消防设备的管理技术较为落后，需要管理人员首先做定期巡视排查，将存在故障的设备统计上报给专业维修人员，再由维修人员赶往现场进行设备的维修，若火灾发生在排查前期已失效的消防设备则无法实现灭火能力，在处理紧急事件时，消防设备应急处理的能力和效率将大大降低。而 BIM 技术能够通过资源信息平台共享的方式，使消防设施管理的各个参与方实时掌握管理目标的消防状态，较强的信息传递能力极大提高了运营者的管理效率。

1. 信息添加标准

古建筑群内的防、灭火设施有别于现代高层建筑中的防火门、防火玻璃、防火卷帘、消防自动喷淋等装置，百年前，古建筑群内的防、灭火设施仅有太平缸、消防水池、瞭望楼等，在古建筑群的消防保护中，为了使保持古建筑的"原生性"，根据增设灭火器、消防栓、烟雾报警系统和监控系统等防、灭火设施来保护古建筑的消防安全。砖木古建筑消防设施信息添加标准如图 6-8 所示。

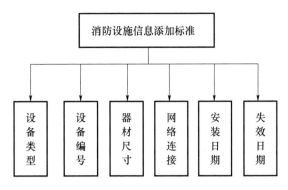

图 6-8 砖木古建筑消防设施信息添加标准

2. 古建筑群内消防设施信息的建立

通过使用 BIM 技术对建筑内防火、灭火设施进行绘制和编辑，不仅为火灾风险评估人员带来准确便利的信息，其三维立体的特点清晰地显示了消防设施的位置和疏散通道的走向，也为火灾救援提供了精确的信息和较高的救援效率。图 6-9、图 6-10 为三原县城隍庙景区中部分消防设施信息的建立。

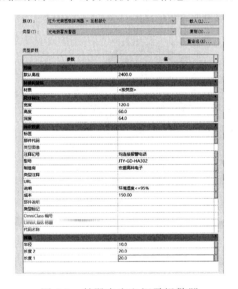

图 6-9 献殿内光电烟雾报警器
信息的建立

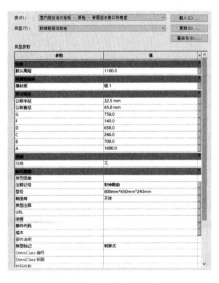

图 6-10 财神殿外消火栓类型
属性信息的建立

此项工作的完成标志着管理人员可以利用信息技术代替纸质档案管理，使传统管理方式离散化的特点得到有效改良。除此之外，通过建立古建筑群内消防设备信息，也可使消防管理单位对古建筑群的消防审查工作变得更加直观、快捷、规范和高效。

3. 古建筑群内消防设施的信息管理

古建筑群内消防设施的信息管理是指将消防设施信息进行整合，添加到 BIM 模型中，对设备信息的集成管理，以实现信息的快速检索和精确统计，形成消防设施信息数据库，便于综合管理。

在对古建筑群的消防设施进行日常信息管理时，其基本运维管理流程如下：

1）设备采购者通过 BIM 技术平台录入所采购设备的名称、型号、规格、价格制造商信息、出厂日期等参数并进行编码，保证该设备在消防设施信息数据库中的完整性；

2）设备安装人员通过 BIM 技术平台录入所安装设备的空间位置、安装日期、安装人员、安装时设备状态等信息；

3）景区内日常维护人员记录日常巡查内容和设备的维修保养状态，如消防设备的使用频率、保养时间、维修保养频率、维修保养成本等信息；

4）当地有关部门巡检人员根据景区内日常维护人员的信息记录，通过 BIM 平台将消防设备的使用、维修状态做及时的录入和更新；

5）检修人员通过调取 BIM 模型，对巡检人员下发的维修指令进行及时的设备维修工作，维修结束后将已维修的设备进行线上状态调整，使巡检人员即刻得到反馈。

6.3.4 古建筑建模操作实例

现对三原县城隍庙进行 BIM 建模，如图 6-11 所示。

按照结构特点将古建筑划分为台基层、柱架层、铺作层、屋面层。在 Revit 中各部分是相互独立的图元，材质属性、尺寸大小、构建位置需要提前设定，将所有图元进行拼接即可。对模型数据库进行操作，可以改变构件各部分尺寸信息和结构信息。

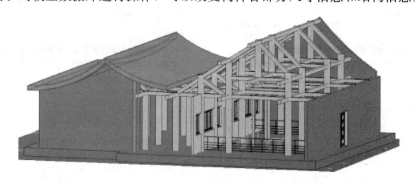

图 6-11　三原县城隍庙模型

古建筑的构件和现代建筑不同，很多可能已经破损，那么这些信息在建模时也是需要重点考虑的。希望通过模型让管理人员更直观地认识该建筑，所以录入时将古建筑的历史信息以文字方式置入模型中。Revit 模型是后期进行消防管理的前提条件，在这里提出一个有效地了解古建筑信息的方法，就是使用 Revit 明细表进行古建筑构件信息的提取，不仅可以提取参数信息，也可以统计构件破坏、更换的数量。明细表以图元为目标进行锁定，统计信息较为准确。

1. 明细表的基本内容

明细表的统计源于手动的输入，但是构件信息的分类基于图元的类别。明细表的输出方式主要以表格的形式，并且支持以 Excel 格式进行导出，根据每个图元属性的不同，在进行信息分类时，使信息具有相关性、可视性、规律性。建模时部分构件是建筑的类别，有些是结构类别，当然门窗也是特有的类别。例如梁、柱构件在 Revit 中有建筑和结构两种类别。结构类别主要都是承重，而建筑类别主要是装饰。在进行提取时要考虑到不同的类别，否则将无法找到正确的信息。

2. 明细表实现参数共享

各类构件的信息及系统固定的族构件可以利用明细表进行导出，但是在 Revit 中并不是所有图元都可以实现数据整合，一些自建族或者使用者对系统族进行了修改，那么这些新增参数是无法进行统计的，但是考虑到构件信息的完整性，需要采用"共享参数"来实现。

古建筑参数化模型可以帮助消防管理人员更好地提取、修改、处理建筑信息，也可以帮助新增的管理人员更快地认识该古建筑。参数化模型不仅可以通过明细表进行信息查询与提取，也可以根据构件族进行查询，不过明细表内可以修改所有构件的信息，通过族进行查询只能修改对应构件族的信息。数据修改后，再次打开该模型，系统会显示曾经的修改记录，并提醒用户是否进行模型更新。修改过的数据信息具有联动性，在任何一个图层中修改信息，其余图层内与之相关的信息也随之改变，也就是说该模型可以分解为多张平面或立面的图纸，每一张图纸的数据具有关联性，这点是其余建模技术无法代替的。后期在对古建筑进行消防设计的时候，将整个模型分解为不同的图层，对每一个图层进行防火设计，最后进行整合，这样既减少了二次或多次建模的时间，也提高了图纸的精度。因此，古建筑参数化模型的应用将给古建筑的消防管理提供较大的帮助。

进行模型转换之前先进行碰撞检查，模型转换的过程中，基本属性是保持不变的，建筑模型中构件的热工参数无法共享，这是目前模型转换过程中的一个较大的问题，但是这并不是说研究没有意义，模型的转换省去了二次建模的时间，利用 BIM 技术进行建模可以为后期的古建筑消防信息管理做铺垫。对热工参数无法共享的问题，可以在火灾模型中对材质表面进行再定义，这对最终的模拟结果影响并不大。在 Revit 中用很多个不同的族进行模型组建，实际上这些不同的族在模型中以图元进行显示，在 Revit 中每个构件是独立存在的整体，但是在 PyroSim 中，它们还是独立的单元体。在模型转换前将相同材质的图元合并，这样在模型导入后，可以减少图元的数量，在对参数进行定义和修改时也会较为方便。Revit 中的材质在 PyroSim 中将以表面的形式具体体现，并且材质属性和名称不会改变。可以看到在 Revit 创建的材质都在这里以 surface 形式表现出来，并且每一个构件在 PyroSim 中都有具体的体现，模型转换、信息传递完成。

3. 模型处理

图层以表面的形式全部显示在 PyroSim 中，如果直接建立网格进行数值模拟，将出现无法运行的情况，结果显示是"a thin obstruction"。PyroSim 计算的基础源于网格，单元格越小，计算精度越高，但是当构件比网格还要小的时候，将无法进行计算。所以在模型导出后将所有构件的属性"all thin obstructions"改为"force all obstructions to be thickened"。

4. 构件整合

检查有没有独立构件在图形导入后"破碎"的，这里说的"破碎"其实是构件图元没有整合。笔者在进行多次导入时，偶尔出现模型转化后构件"破碎"的问题。通过"merge multiple objects into one composite object"，"破碎"的单元体便可以被整合为一个独立的构件。火灾模型的转化和处理完成后，接下来可以结合古建筑物内部和外部环境，设定需要模拟的各个参数（火源位置、火源大小、网格划分、固体表面属性、模拟时间、外部环境、数据采集探测器）。火灾模拟流程如图 6-12 所示。

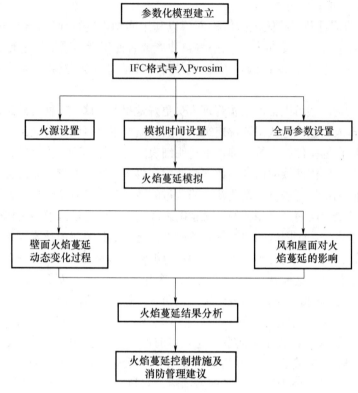

图 6-12　火灾模拟流程

5. 小结

实际上，古建筑结构特点较为复杂，在参数化模型建立的过程中遇到各种各样的问题，但总体来讲，参数化模型的创建较为方便，构件定位、放置较快，节省较多的时间，并且模型信息较为全面，输入的信息可以更直观地表达。在古建筑消防管理方面，信息统计、更新更快，可以提高古建筑消防管理人员的工作效率。对更换的管理人员，他们可以更快地了解古建筑的整体状况。

IFC 标准和 PyroSim 进行对接是切实可行的，两个软件本身并没有太大的问题，但是不同软件之间的对接技术尚不成熟，在模型转换和数值模拟过程中也遇到了较多的问题。

参考文献

[1] 张泽江，文清，兰彬，等．古建筑防火保护研究现状［J］．消防技术与产品信息，2007（2）：53.

[2] 蒙慧玲，陈保胜．古城区内古建筑的保护与消防规划构想［J］．青岛理工大学学报，2009，30（6）：70-74.

[3] 张驭寰．中国古代建筑百问［M］．北京：中国档案出版社，2000.

[4] 蒙慧玲．我国古民居的建筑特点与火灾危险性［J］．青岛理工大学学报，2011：66-70.

[5] 杨水生．中国古民居之旅［M］．北京：中国建筑工业出版社，2003.

[6] 宋国晓．中国古建筑吉祥装饰「M］．北京：中国水利水电出版社，2008.

[7] 蒙慧玲．我国古建筑中的雕刻和绘画技术［J］．青岛理工大学学报，2011，3（4）：25.

[8] 赵广超．不只中国木建筑［M］．上海：上海科学技术出版社，2001.

[9] 常青．建筑遗产的生存策略［M］．上海：同济大学出版社，2003.

[10] 傅熹年．中国古代建筑十论［M］．上海：复旦大学出版社，2004.

[11] 于悼云．中国宫殿建筑论文集［M］．北京：紫禁城出版社，2002.

[12] 间崇年．中国历代都城宫苑［M］．北京：紫禁城出版社，1987.

[13] 王其钧，谢燕．皇家建筑［M］．北京：中国水利水电出版社，2005.

[14] 白丽娟，王景福．古建清代木构造［M］．北京：中国建材工业出版社，2007.

[15] 罗哲文，曹南燕，黄彬，等．中国名园［M］．天津：百花文艺出版社，2005.

[16] 杨水生．中国古园林之旅［M］．北京：中国建筑工业出版社，2003.

[17] 刘庭风．中日古典园林比较［M］．天津：天津大学出版社，2003.

[18] 王其钧，谢燕．宗教建筑［M］．北京：中国水利水电出版社，2005.

[19] 齐英杰，杨春梅，赵越，等．中国古代木结构建筑发展概况——原始社会时期中国木结构建筑的发展概况［J］．林业机械与木工设备，2011，39（09）：18-20.

[20] 梁思成．清式营造则例［M］．北京：中国建筑工业出版社，1080.

[21]《木结构设计手册》编委会．木结构设计手册［M］．北京：中国建筑工业出版社，2005.

[22] KING E G, GLOWINSKI RW. A rationalized model for calculating the fire endurance of wood beams ［J］. Forest Products Journal，1988，38（10）：31-36.

[23] KÖNIG J. Structural fire design according to Eurocode 5— design rules and their background ［J］. Fire and Materials，2005，29（3）：147-163.

[24] JANSSENS M L. Modeling of the thermal degradation of structural wood members exposed to fire ［J］. Fire and Materials，2004，28（2-4）：199-207.

[25] ZEELAND I M V, SALINAS J J, MEHAFFEY J R. Compressive strength of lumber at high temperatures ［J］. Fire and Materials，2005，29（2）：71-90.

[26] LAWSON D I, WEBSTER C T, ASHTON L A. Fire endurance of timber beams and floors ［J］. Structures，1952，30：27-34.

[27] WHITE R H, NORDHEIM E V. Charring rate of wood for ASTM E 119 exposure ［J］. Fire Technology，1992，28（1）：5-30.

[28] FRANGI A, FONTANA M. Charring rates and temperature profiles of wood sections ［J］. Fire

and Materials，2003，27（2）：91-102.

[29] NJANKOUO J M，DOTREPPE J C，FRANSSEN J M. Fire resistance of timbers from tropical countries and comparison of experimental charring rates with various models［J］. Construction and Building Materials，2005，19（5）：376-386.

[30] FRANGI A，ERCHINGER C，FONTANA M. Charring model for timber frame floor assemblies with void cavities［J］. Fire Safety Journal，2008，43（8）：551-564.

[31] FRANGI A，FONTANA M，SCHLEIFER V. Fire behaviour of timber surfaces with perforations ［J］. Fire and Materials，2005，29（3）：127-146.

[32] HARADA T. Charring of wood with thermal radiation Ⅱ. Charring rate calculate from mass loss rate［J］. Journal of the Japan Wood Research Society，1996，42（2）：194-201.

[33] HUGI E，WUERSCH M，RISI W，et al. Correlation between charring rate and oxygen permeability for 12 different wood species［J］. Journal of Wood Science，2007，53（1）：71-75.

[34] BABRAUSKAS V. Charring rate of wood as a tool for fire investigations［J］. Fire Safety Journal，2005，40（6）：528-554.

[35] FIRMANTI A，SUBIYANTO B，KAWAI S. Evaluation of the fire endurance of mechanically graded timber in bending［J］. Journal of Wood Science，2006，8（52）：25-32.

[36] LIE T T. A method for assessing the fire resistance of laminated timber beams and columns［J］. Canadian Journal of Civil Engineering，1977，4（2）：161-169.

[37] WATTS J R，M JOHN. Fire risk assessment using multi-attribute evaluation［J］. Fire Safety Science，1997，1（5）：579-690.

[38] WATTS J M，KAPLAN M E. Fire risk index for historic buildings［J］. Fire Technology，2001，37（2）：167-180.

[39] ALESSANDRO ARBOREA，GIORGIO MOSSA，GIORGIO CUCURACHI. Preventive fire risk assessment of Italian architectural heritage：an index based approach［J］. Key Engineering Materials，2015，3402（628）：27-33.

[40] YAPING HE，LAURENCE AF. A statistical analysis of occurrence and association between structural fire hazards in heritage housing［J］. Fire Safety Journal，2017，（90）：169-180.

[41] 黄莺. 公共建筑火灾风险评估及安全管理方法研究［D］. 西安：西安建筑科技大学，2009.

[42] 朱华卫. 古建筑火灾危险性预测定量分析［J］. 消防科技，1995（2）：27-29.

[43] 李会荣. 基于层次分析法的桂西北古村寨火灾风险评估研究［J］. 武警学院学报，2011，27（4）：41-43.

[44] 官钰希，方正，刘非. 层次分析法在古建筑群火灾风险评估中的应用——以湖北省古建筑群为例［J］. 消防科学与技术，2015，34（10）：1387-1396.

[45] 游温娇，徐志胜，刘顶立. 基于物元分析法的古建筑火灾风险评价［J］. 安全与环境学报，2017，17（3）：873-878.

[46] 郭小东，徐帅，宋晓胜，等. 基于灰色模糊分析法的古建筑木结构安全性评估［J］. 北京工业大学学报，2016，42（3）：393-398.

[47] 殷杰，郑向敏，董斌彬. 景区古建筑火灾风险模糊综合评价研究——以福建土楼为例［J］. 龙岩学院学报，2014，32（4）：19-26.

[48] 游温娇，徐志胜，刘顶立. 物元可拓模型在某古城建筑火灾评估中的应用［J］. 消防科学与技术，2016，35（5）：707-709.

[49] 徐志胜，刘顶立，曹欢欢，等. 基于 AHP 的古建筑火灾风险评估方法研究［J］. 铁道科学与工程学报，2015，12（3）：690-694.

［50］侯遵泽，杨瑞．基于层次分析方法的城市火灾风险评估研究［J］．火灾科学，2004，（4）：203-208，200.

［51］唐毅．上海商业古镇火灾风险评估［J］．消防科学与技术，2017，36（05）：727-730.

［52］庄磊，陆守香，王福亮．布达拉宫古建筑的火灾风险分析［J］．中国工程科学，2007，（3）：76-81.

［53］赵伟．应用古斯塔夫法评估城中村火灾风险［J］．消防科学与技术，2012，31（3）：306-309.

［54］陶亦然．基于古斯塔夫法的大型购物中心火灾风险评估［J］．消防科学与技术，2010，29（3）：255-259.

［55］张楠，董四辉．基于改进古斯塔夫法的大型商场消防安全评价［J］．大连交通大学学报，2016，37（2）：88-93.

［56］YUEN A C Y，YEOH G H，ALEXANDER R，et al. Fire scene reconstruction of a furnished compartment room in a house fire［J］. Case Studies in Fire Safety，2014，1（1）：29-35.

［57］CHI J H，WU S H，SHU C M. Using fire dynamics simulator to reconstruct a hydroelectric power plant fire accident［J］. Journal of Forensic Sciences，2011，56（6）：1639-1644.

［58］HU L H，FONG N K，YANG L Z，et al. Modeling fire-induced smoke spread and carbon monoxide transportation in a long channel：Fire Dynamics Simulator comparisons with measured data［J］. Journal of Hazardous Materials，2007，140（2）：293-298.

［59］LIN C S，WANG S C，HUNG C B，et al. Ventilation effect on fire smoke transport in a townhouse building［J］. Heat Transfer—Asian Research，2006，35（6）：387-401.

［60］CHI J H. Using thermal analysis experiment and Fire Dynamics Simulator（FDS）to reconstruct an arson fire scene［J］. Journal of Thermal Analysis and Calorimetry，2013，113（2）：641-648.

［61］SHEN T S，HUANG Y H，CHIEN S W. Using Fire Dynamic Simulation（FDS）to reconstruct an arson fire scene［J］. Building & Environment，2008，43（6）：1036-1045.

［62］JAHN W，REIN G，TORERO J E L. The Eect of Model Parameters on the Simulation of Fire Dynamics［J］. Fire Safety Science，2008，9：1341-1352.

［63］OKUBO T. Traditional wisdom for disaster mitigation in history of Japanese architectures and historic cities［J］. Journal of Cultural Heritage，2016，20：715-724.

［64］DORAZIO M，BERNARDINI G，TACCONI S，et al. Fire safety in Italian-style historical theatres：How photo luminescent way finding can improve occupants'evacuation with no architecture modifications［J］. Journal of Cultural Heritage，2016，19：492-501.

［65］刘天生．国内木构古建筑消防安全策略分析［D］．上海：同济大学，2006.

［66］邢君．木及砖木结构古建筑防火初探［D］．太原：太原理工大学，2007.

［67］薛奕．木结构古建筑防火改造技术研究［D］．天津：天津大学，2007.

［68］关永红．关于荆州古建筑的火灾危险性分析［J］．青岛理工大学学报，2006，27（1）：72-74.

［69］徐彤，周谧．现代防火技术在古建筑火灾预防中的应用［J］．消防技术与产品信息，2004（12）：22-24.

［70］刘勇，董晓萌，袁荔．古建筑防火现状及对策——以西安为例［J］．城市发展研究，2014，21（10）．

［71］YUAN C，HE Y，FENG Y，et al. Fire hazards in heritage villages：A case study on Dang jia village in China［J］. International Journal of Disaster Risk Reduction，2018，28：748-757.

［72］王立一．室内真实火灾的试验研究及数值模拟［D］．青岛：山东科技大学，2015.

［73］杨杰，陶华．古建筑火灾分析及预防对策［J］．消防科学与技术，2003，22（4）：297-298.

［74］戴超．中国木构古建筑消防技术保护体系初探［D］．上海：同济大学，2007.

［75］李引擎．建筑防火性能化设计［M］．北京：化学工业出版社，2005.

［76］梁闰生．高层建筑消防安全疏散设计探析［J］．中国建筑金属结构，2013，（22）：45-45.

［77］刘洋．通过上海某工程解读新防排烟规范［J］．建设科技，2016，（11）：136-137.

［78］田康达，黄晓家，张雅君，等．环境风速对卧室火灾特性影响模拟分析［J］．消防科学与技术，2015，（12）：1563-1567.

［79］王迪军，罗燕萍，钟茂华，等．某地铁多层车站的防排烟系统设计及模拟研究［J］．中国安全生产科学技术，2012，08（7）：5-10.

［80］赵琴，杨小林，严敬．工程流体力学［M］．2版．重庆：重庆大学出版社，2014.